老子的正言若反、莊子的謬悠之說……

《鵝湖民國學案》正以

「非學案的學案」、「無結構的結構」、

「非正常的正常」、「不完整的完整」，

詭譎地展示出他又隱涵又清晰的微意。

曾昭旭教授推薦語

願台灣鵝湖書院諸君子能繼續「承天命，繼道統，立人倫，傳斯文」，綿綿若存，自強不息。蓋地方處士，原來國士無雙；行所無事，天下事，就這樣啓動了。

林安梧教授推薦語

喚醒人心的暖力，煥發人心的暖力，是當前世界的最大關鍵點所在，人類未來是否幸福，人類是否還有生存下去的欲望，最緊要的當務之急，全在喚醒並煥發人心的暖力！

王立新（深圳大學人文學院教授）

人們在徬徨、在躁動、在孤單、也在思考，希望從傳統文化中吸取智慧尋找答案；另一方面是割不斷的古與今，讓我們對傳統文化始終保有情懷與敬意！依然相信儒家仁、愛之說仍有益於當今世界。

王維生（廈門篔簹書院山長）

鵝湖民國學案

呂榮海 賴研 蕭新永 洪文東 周隆亨 潘俊隆 陳蕙娟 陳組媛等35人 合著

老子的正言若反、莊子的謬悠之說……
《鵝湖民國學案》正以
「非學案的學案」、「無結構的結構」、
「非正常的正常」、「不完整的完整」，
詭譎地展示出他又隱涵又清晰的微意。

——曾昭旭教授推薦語

鵝湖民國學案
呂榮海 賴研 蕭新永 洪文東 周隆亨 潘俊隆 陳蕙娟 陳組媛 等35人 合著

華夏出版

奇謀詭道

三國演義的謀略智慧

王志剛——著

千般變化 萬般計謀

《三十六計》集歷代「韜略」、「詭道」之大成，被兵家廣為援用，素有兵法、謀略奇書之稱。

不少計名、語彙婦孺皆知，吟誦朗朗，

可見《三十六計》是一部有著蓬勃生命力的奇書。

三國謀略與三十六計（代前言）

一、關於《三國演義》

在中國的歷史長河中，三國史只不過是短短的一段，但這段歷史，卻是一段複雜紛繁、英雄輩出的歷史，它造就了一大批卓越的政治家、軍事家，產生了許多對後世影響深遠的歷史人物，是運用中國古代謀略智慧最突出的一段歷史。

以三國史爲題材的《三國演義》，被稱爲「第一才子書」，作者是羅貫中，別號湖海散人，家居山西太原（還有東原、武林等不同說法），大約是元末明初人。

原來社會流傳一句話：「少不看《水滸》，老不看《三國》。」說年輕人血氣方剛，看水滸容易學壞，會造反；老年人本來老於世故，看三國會變得更世故、更奸詐。其實，這是封建社會的一種愚民術，這種說法是毫無根據的，現今，這種偏見早已被打破，《三國演義》、《水滸傳》早已被搬上藝術舞臺，透過電影或電視走進千家萬戶。

《三國演義》長達七十餘萬字，描寫了從東漢末年到晉朝初年一個世紀接連不斷的戰爭，揭示了一個世紀以來英雄爭霸的場景。

《三國演義》的成書，基本是取材於陳壽的《三國志》。因此，可以說《三國演義》與《三國志》有密切的血緣關係。

但是如果把《三國演義》和《三國志》加以比較，不難發現，陳壽編寫的《三國志》是從事實出發，較爲眞實地記錄了三國時期的歷史風貌。

而《三國演義》並不是簡單地記錄史實，是作者根據《三國志》中的歷史事件，根據大量民間傳說，進行了巧妙的藝術加工改編而成，或誇張渲染，或描寫敘述。這裡面滲透了作者的一定思想觀點，比如褒劉貶曹的思想，把諸葛亮描繪成智慧的化身，說他能未卜先知、撒豆成兵、呼風喚雨等，這不過是作者的藝術誇大罷了。

總之，《三國演義》的文學成就，在中國的古典小說中，占有不可忽視的地位，被列爲中國四大古典名著之一。

二、關於《三十六計》

《三十六計》集歷代「韜略」、「詭道」之大成，被兵家廣爲援用，素有兵法、謀略奇書之稱。不少計名、語彙婦孺皆知，吟誦朗朗，可見《三十六計》是一部有著蓬勃生命力的奇書。

《三十六計》有生命力的原因是它的實用性，自《孫子兵法》問世以來，兵書迭出，蔚爲大觀，比如：《孫子兵法》、《三十六計》、《六韜》等。

大浪淘沙，最終《三十六計》從諸多兵書中脫穎而出，其用途之廣，涉及社會、軍事、做人、商業的各個層面。

《三十六計》雖是薄薄的一本書，卻含千般變化，萬般計謀，原書以《易經》爲依據，或引全辭，或引涵義，編輯成書。

《易經》是中國古代的一種占卜書，實際上是一部充滿樸素唯物主義辯證法的哲學著作，此書對中國古代軍事家孫武、吳起、孫臏、韓信等都有深刻的影響。

《三十六計》正是在前人的基礎上，進一步研究《易經》中的陰陽變化，推演出兵法中的剛柔、正邪、攻防、己彼、主客、勞逸等對立關係的相互轉化，使每一計都有極強的辯證哲理，這就是《三十六計》能啓迪智慧，並且流傳久遠的原因。

三、三國謀略與三十六計

在我國漫長的歷史上，有兩個比較特殊的歷史時期——春秋戰國時期和三國時期，這兩個時期都是諸侯割劇、軍閥爭雄、天下大亂的時代。

由於連年的戰爭，因此迫切需要發展軍事理論、軍事思想。不僅如此，軍事謀略也隨著在戰爭中不斷湧出。

其實，羅貫中本身就是一位出色的謀略家，何以如此？如果他本身不是一位出色的謀略家，又如何寫出精彩紛呈、計謀疊出、戰爭場面繁浩的《三國演義》呢？

《三國演義》中的謀略，在眾多的章回體小說中，可謂獨樹一幟，縱觀整部小說，幾次大的決定性的戰役，無不是以謀略來決定勝負的，如：赤壁之戰、彝陵之戰、官渡之戰；再如：七擒孟獲、奇襲荊州等。可以說，謀略貫串於整部《三國演義》。

既然是計謀迭出，就離不開《三十六計》，與其說謀略貫串整部《三國演義》，不如說三十六計貫串整部《三國演義》。縱觀整部演義，湧現出了許多大謀略家，如諸葛亮、曹操、周瑜、陸遜、司馬懿等。

有人把《三國演義》說成是一部兵書，其實，《三國演義》更是一部智謀全書。

事實的確如此，官渡之戰，袁強曹弱，但曹操精於謀略，細心籌劃以三十六計中的第二計「圍魏救趙」之計抄了袁紹的後路，一舉挫敗袁紹，統一北方。

三十六計在《三國演義》中運用最精彩的當屬赤壁之戰，假使曹操謀略得當、精心籌劃，以百萬之師去克不足十萬之師，眞的有可能大功告成。如果眞是如此，那麼曹操就可能統一天下。不料，東吳年輕的都督周瑜，謀略得當，籌劃精密，再加上諸葛亮的幫助，一舉打敗了曹操，使曹操統一天下的希望化成泡影。

再如彝陵之戰，陸遜謀略得當，戰術正確，用以逸待勞之法大敗蜀軍，幾乎活捉劉備，不但挽救了東吳，也奠定了自己在東吳的位置，一舉成名。

另外，三國演義中出了幾位超級謀略大師。

諸葛亮是中國老百姓心目中智慧的化身，如隆中對、舌戰群儒、空城計、三氣周瑜、七擒孟獲、取西川等，一系列膾炙人口的精彩故事。

曹操是不折不扣的謀略大師，一生用計，刺董卓、戰官渡、得荊州、間馬超、戎馬一生，唯一失敗之處就是赤壁之敗，但這也絲毫抹殺不了曹操一生的功績和謀略大師的形象。

周瑜和陸遜是三國裡的美男子，也是英雄少年，一個打敗了不可一世的曹操，一個戰敗了世之梟雄劉備。尤其是周瑜在赤壁之戰時苦肉計、反間計、連環計，計計相連，把善於用計、善於謀劃的曹操殺得幾乎喪命。

還有呂蒙、司馬懿、鄧艾、姜維等等，都是三國中的謀略大師。

總之，魏、蜀、吳三國英雄輩出，短短的一個世紀，由於有了這些英雄的演繹，彷彿拉近了時間和空間的距離，使人置身於金戈鐵馬的三國爭雄中。

壯哉！三國英雄！

絕哉！三國謀略！

品三國 說謀略

Contents

目錄
Contents

品三國 說謀略

Contents

目錄

Contents

何處望神州？滿眼風光北固樓。
千古興亡多少事？悠悠。
不盡長江滾滾流。

年少萬兜鍪，坐斷東南戰未休。
天下英雄誰敵手？曹劉。
生子當如孫仲謀。

宋・辛棄疾《南鄉子・登京口北固亭有懷》

品三國
說謀略

戰勝計

第一篇

第一計：瞞天過海

【原文】

備周則意怠，常見則不疑。陰在陽之內，不在陽之對。太陽，太陰。

【譯文】

自認爲防備周到的，容易使人產生麻痺鬆懈的情緒；經常看慣了的事，就不再懷疑。祕密隱藏在公開的事物中，這並不是說隱祕與暴露的事物相互對立。非常的公開經常蘊藏著非常的機密。

【計名探源】

事見《永樂大典·薛仁貴征遼事略》。唐貞觀十七年，唐太宗御駕親征，領三十萬大軍遠征遼東。

一天，大軍浩浩蕩蕩來到海邊，唐太宗見眼前大浪滔天，茫茫無窮，忙向眾將詢問過海之計，眾將面面相覷，無計可施。忽然一個近居海上之人請求見駕，並聲稱其家已經準備三十萬大軍過海軍糧。

唐太宗大喜，便率百官隨此人來到海邊。只見家家戶戶皆用一彩幕遮圍，分外嚴密。此人引唐太宗入室，室內皆是繡幔錦彩，茵褥鋪地。百官入座，宴飲樂甚。

不久，風聲四起，波響如雷，杯盞傾側，人身動搖，良久不止。太宗大驚，忙令近臣揭開彩幕察看，不看則已，一看愕然，眼前一片蒼茫海水，橫無涯際，哪裡是在百姓家裡坐客，大軍竟然已航行於大海之上了！原來此人由新招壯士薛仁貴扮成，這「瞞天過海」的計策就是他策劃的。

這裡的「天」指的是天子，瞞著天子不受驚嚇的情況下渡過大海。「瞞天過海」用在軍事上，是一種示假隱眞的疑兵之計，透過戰略僞裝，來達到出其不意的戰鬥效果。

青梅煮酒論英雄　瞞天過海賺曹操

曹操打敗呂布後，班師回許都。一日，獻帝設朝，曹操表奏劉備軍功，獻帝問及劉備的家世，得知他是孝景皇帝的玄孫，按世譜排輩份還是自己的叔叔，便敘叔侄之禮，拜劉備爲左將軍、宜城亭侯。從此，稱劉備爲「劉皇叔」。

劉備投奔曹操後，暗中與董承、王子服、馬騰等人結成了反曹聯盟，爲防曹操對自己起疑，就在住處後園種菜，親自澆灌，以掩曹操耳目。

關羽、張飛二人說：「兄長不留心天下大事，卻學小人做一些澆種之事，這是爲什麼？」

劉備說：「這是兩位兄弟所不知道的。」關、張二人就不再說什麼。

一天，關羽、張飛不在，劉備正在後園澆菜，曹操派張遼和許褚引數十人來到菜園，說：

「丞相有命，請劉皇叔過府一敘。」劉備驚問道：「有何急事？」許褚說：「不知，丞相只吩咐我們來請劉皇叔。」劉備只得隨二人入府見曹操。曹操笑道：「在家做得好事！」嚇得劉備面如土色。

曹操拉著劉備的手，直至後園，說：「玄德學圃不易。」劉備這才放下心來，答道：「只是無事消遣罷了。」曹操說：「適才見枝頭梅子青青，忽感去年征張繡時，『望梅止渴』的事。今見此梅，不可不賞；又值煮酒正熱，故特邀使君小亭一敘。」

劉備聞此，心神方安。隨即到了小亭，已設好了酒具，盤子裡放著青梅，一樽煮酒。二人對坐，開懷暢飲。

酒至半酣，忽然陰雲密布，大雨將至。從人遙指天外龍掛，曹操與劉備憑欄觀望，曹操問劉備說：「使君知道龍的變化嗎？」

劉備說：「不知其詳。」

曹操說：「龍能大能小，能升能隱；大的時候能興雲吐霧，小的時候能隱身藏形；升則飛騰於宇宙之間，隱則潛伏於波濤之內。現在正值春深，龍乘時變化，就像人得志而縱橫四海一樣。龍可比世之英雄。使君久歷四方，見多識廣，必知當世英雄，請試指言之。」

劉備說：「備肉眼安識英雄？」曹操說：「不必過謙。」劉備說：「備受恩惠，得仕於朝廷。天下英雄，實在不知。」曹操說：「即不識其面，亦聞其名。」劉備說：「淮南袁術，兵精糧足，可爲英雄？」曹操笑著說：「墳中枯骨，我早晚必擒之！」劉備說：「河北袁紹，四世三公，門多故吏，今虎踞冀州之地，部下能事者極多，可爲英雄？」曹操笑著說：「袁紹色厲膽薄，好謀無斷；幹大事而惜身，見小利而忘命，非英雄也。」劉備說：「有一人名稱八俊，威鎮九州的劉景升，可以爲英雄？」曹操說：「劉表徒有虛名，非英雄也。」劉備說：「有一人血氣方剛，江東領袖——孫伯符乃英雄也？」曹操說：「孫策藉父之名，非英雄也。」劉備說：「益州劉季玉，可爲英雄乎？」曹操說：「劉璋雖係宗室，乃守戶之犬耳，何足爲英雄！」劉備又說：「張繡、張魯、韓遂等輩，都如何？」曹操鼓掌大笑道：「這幾位更是碌碌小人，何足掛齒！所謂英雄，是指胸懷大志，腹有良謀，有包藏宇宙之機，吞吐天地之志的人。」劉備說：「這樣的人，誰能當得起？」曹操用手指了指劉備，然後又指了指自己，說：「當今天下能稱得上英雄的，只有使君與我曹操罷了！」

劉備聞言，大吃一驚，手中的筷子不覺落於地下。當時正值大雨將至，雷聲大作。劉備從容俯首拾起筷子說：「一震之威，竟至於此。」曹操說：「大丈夫也懼怕雷嗎？」劉備說：「聖人遇到這種情況尚且改變容色，我劉備怎能不畏懼呢？」筷子掉在地上的眞正緣故，被劉備輕輕掩飾過了，曹操也就不再疑惑了。

劉備並非不知道什麼是英雄，但他始終不肯表態，並且有意迴避了三個人，一是馬騰，二是曹操，三是劉備自己。

不提馬騰，似乎不合情理，因為韓遂與馬騰曾結為兄弟，當時任西涼太守，兵精馬壯，提到韓遂，必然會想到馬騰，那麼為什麼只提了韓遂、不提馬騰呢？只因為劉備與馬騰等人已私下結了反曹聯盟，若說出馬騰，讓曹操警惕馬騰，則有可能將自己牽連出來。

不提曹操，卻又為何呢？原來，曹操做了漢丞相後，朝廷大權全都掌握在自己手中，皇帝徒有虛名，然則，曹操最忌諱別人議論他有篡逆之心，劉備若指稱曹操為英雄，就等於說曹操不甘屈居相位，這樣勢必觸痛曹操，遭到曹操的忌恨，這時的劉備還有求於曹操，「在人屋檐下」，還不敢更不會公開觸怒曹操。這樣不提曹操也等於向曹操表明，劉備眼中的曹操是安守本分、忠於職守的人，因而他不可能有反曹之心。

至於不提自己，這正是預料之中的，劉備最怕的就是別人警惕他，若承認自己是英雄，就等於表明自己不甘久居曹操之下，這必然引起曹操的懷疑，那麼非但自己永無出頭之日，恐怕還有生命危險。

當曹操對劉備提出的英雄一一否定後，指著自己和劉備說：「今天下英雄，唯使君與操耳！」當時劉備以為自己的韜晦之計被識破，驚得手中筷子落到地上，恰好外面雷聲大作，他從容地借雷掩飾過去。令曹操對他毫無懷疑，以為劉備胸無大志，不再警惕。

瞞周瑜孔明借箭　用奇謀曹操上當

赤壁之戰前夕，周瑜用反間計殺了曹軍的水軍都督蔡瑁、張允，不料此計被諸葛亮識破，周瑜料定諸葛亮日後必是東吳大患，想要殺掉他。於是，派魯肅請諸葛亮議事。諸葛亮欣然而至。寒暄禮畢，周瑜問諸葛亮：「即日將與曹軍交戰，水路交兵，當以何兵器爲先？」諸葛亮答道：「大江之上，以弓箭爲先。」周瑜道：「先生之言，甚合我意。但今軍中正缺箭用，敢煩請先生監造十萬枝箭，以爲應敵之用。此係公事，請先生不要推卻。」諸葛亮說：「都督委任，自當效勞。敢問十萬枝箭，何時要用？」周瑜問：「十日之內，可能完成否？」諸葛亮答道：「曹軍即日將至，若候十日，必誤大事。」周瑜又問：「先生幾日可完辦？」諸葛亮答道：「只消三日，便可獻上十萬枝箭。」周瑜道：「軍中無戲言。」諸葛亮答：「怎敢戲都督！願立軍令狀：三日不辦，甘當重罰。」周瑜大喜，喚軍政司當面取了文書，置酒相待，諸葛亮飲酒數杯告辭。

魯肅知道周瑜要加害諸葛亮，便來探望。諸葛亮向魯肅借二十隻船，每船要軍士三十人，船上皆用青布爲幔，各束草人千餘個，分佈兩邊。魯肅允諾，見周瑜不提借船之事，私下撥給諸葛亮快船二十隻，每船三十餘人，並布幔束草等物，盡皆齊備，聽候調用。第一日卻不見諸葛亮有什麼動靜，第二日也沒什麼動靜，至第三日四更時分，諸葛亮密請魯肅到船中。魯肅問諸葛亮：「公召我來何意？」諸葛亮答道：「特請子敬同往取箭。」魯肅問：「何處去取？」諸葛亮答道：「子敬休問，前去便知。」於是下令將二十隻船用長索相連，逕望北岸進發。是夜大霧漫天，長江之中霧氣更甚，對面不能相見。諸葛亮促舟前進，果然是好大霧！

當夜五更時候，船已近曹操水寨。孔明教把船隻頭西尾東，一字擺開，命人在船上擂鼓吶喊。魯肅驚道：「倘曹兵齊出，如何拒之？」諸葛亮笑道：「我料曹操於大霧中必不敢出。我等只顧飲酒取樂，待霧散便回。」

曹軍在寨中，聽得擂鼓吶喊，都督毛玠、于禁二人慌忙飛報曹操。曹操傳令：「大霧迷江，敵軍忽至，必有埋伏，切不可輕動。可撥水軍弓弩手亂箭射之。」又派人往旱寨內喚張遼、徐晃各帶弓弩手三千，火速到江邊助射。毛玠、于禁怕東吳軍搶入水寨，急差弓弩手在寨前放箭，不一會兒，旱寨內弓弩手也到，約一萬餘人，一齊向江中放箭，箭如雨發。孔明命人把船隻調頭，頭東尾西，逼近水寨受箭，一面擂鼓吶喊。等到日高霧散，孔明令收船返回。二十隻船兩邊束草上，排滿箭枝。孔明令各船上軍士齊聲叫喊：「謝丞相贈箭！」等到曹操得知事實時，諸葛亮已和魯肅率船返回，曹操懊悔不已。

諸葛亮不費江東半分之力，已得十萬餘箭。魯肅說：「先生眞神人也！何以知今日如此大霧？」諸葛亮答道：「爲將而不通天文，不識地利，不知奇門，不曉陰陽，不看陣圖，不明兵勢，是庸才也。我於三日前已算定今日有大霧，因此敢任三日之限。」魯肅拜服。船到岸時，周瑜已派五百軍士在江邊等候搬箭。十餘萬枝，都搬入中軍帳交納。魯肅入見周瑜，備說諸葛亮取箭之事。周瑜大驚，慨然歎道：「諸葛亮神機妙算，我不如也！」

草船借箭，是諸葛亮軍事運籌中的得意之作，不管是小說家的杜撰，還是後人的演繹，總之頗值得玩味，諸葛亮談笑間矇周瑜、騙曹操，可謂瞞天過海之計的上乘典範。

第二計：圍魏救趙

【原文】

共敵不如分敵，敵陽不如敵陰。

【譯文】

與其集中攻打正面之敵，不如先用計謀分散它的兵力，然後各個擊破；與其主動出兵攻打敵人，不如迂迴到敵人虛弱的後方，伺機殲滅敵人。

【計名探源】

事見《史記．孫子吳起列傳》，是講戰國時期齊國與魏國的桂陵之戰。

西元前三五四年，魏惠王欲解丟失中山的舊恨，便派大將龐涓前去攻打。中山國原本是東周時期魏國北面的小國，被魏國收服，後來趙國乘魏國國喪之機，用武力占領了中山國。魏將龐涓認為中山不過是彈丸之地，距離趙國又很近，不如直接攻打趙國都城邯鄲，既解舊恨又一舉兩得。魏王欣然從之，即撥五百戰車以龐涓為將，直奔趙國，圍攻趙國都城邯鄲。

趙王見形勢危急，只好求救於齊國，並許諾解圍後以中山國相贈。齊威王應允，令田忌為將、孫臏為軍師，領兵出發。孫臏與龐涓是師兄弟，對用兵之法諳熟精通。魏王用重金將他請來，當時龐涓也正輔助魏國。龐涓自覺能力不及孫臏，恐其得勢超過自己，遂以臏刑將孫臏致殘，並在他臉上刺字，企圖使孫臏不能行走，又羞於見人。後來孫臏裝瘋，騙過龐涓，逃到齊國。

田忌與孫臏率兵進入魏趙交界之地時，田忌想率兵直奔邯鄲，孫臏制止他說：解亂絲結繩，不能用拳頭去打；排解爭鬥，不能參與搏擊，平息糾紛要抓住要害，乘虛取勢，雙方因受到制約才能自然分開。現在魏國精兵傾國而出，若我直攻魏國，那龐涓必回師解救，這樣一來邯鄲之圍定會自解。我們再於龐涓歸路中途伏擊，其軍必敗。田忌依計而行。果然，魏軍離開邯鄲，歸路中又遭伏擊，與齊軍戰於桂陵，魏軍長途跋涉後已很疲憊，潰不成軍，龐涓勉強收拾殘部，退回大梁。齊師大勝，趙國之圍遂解。這便是歷史上有名的「圍魏救趙」。

曹操劫糧圍烏巢　袁紹兵敗丟官渡

漢末，軍閥擁兵自重，各自爲政，袁紹便是其中之一。袁紹出身宦門，四世三公，占據河北，兵精糧足，大有統一天下之勢。曹操把持著漢朝的政治中心許昌。爲了消滅曹操，袁紹率兵攻打曹操，並與曹操在官渡展開了決戰。

官渡之戰剛開始時，曹操並不占上風，兩軍第一次交鋒，曹操因寡不敵眾，被袁紹殺得大敗而歸。袁紹移軍逼近官渡下寨，並在曹操寨前築起五十餘座土山，分撥弓弩手，晝夜射箭，控制了曹軍的咽喉要路，曹軍大懼。

曹操急向眾謀士問計，劉曄獻計曰：「可造發石車來破袁軍的弓箭手。」劉曄獻上發石車的模型，曹操令人連夜造發石車數百乘，分佈營牆內，正對著土山上的雲梯，等袁軍的弓箭手射箭時，拽動石車，炮石飛空，四處亂打，袁軍弓箭手無處躲藏。

袁紹又令軍人暗打地道，直透曹營。曹操聞報，連夜差軍繞營掘長塹。至此，兩軍僵持不下。

一日，曹操的大將徐晃抓到袁軍一細作，經審問得知袁將韓猛運糧將至。徐晃急忙向曹操報告這一消息，曹操命徐晃前去劫糧，結果大獲全勝。

袁紹見敗軍還營大怒，欲斬韓猛，眾官勸免。審配說：「行軍以糧食爲重，不可不用心提防，烏巢乃屯糧之處，必用重兵守之。」於是袁紹遣大將淳于瓊，帶領眭元進、韓莒子、呂威璜、趙睿等諸將，率二萬人馬守烏巢。原來，這淳于瓊生性好酒，到烏巢後終日與諸將飲酒爲樂。

曹袁兩軍相持數月餘，曹操軍糧告急，派人往許昌籌辦糧草。使者行至半路被袁軍截獲，捆住見謀士許攸。當下搜出曹操催糧書信，許攸來見袁紹說：「曹操屯軍官渡已久，許昌必定空虛。若趁曹操糧草已盡，兵分兩路，許昌可取，曹操可擒。」袁紹卻說：「曹操詭計多端，恐怕這封書信是誘敵之計。」許攸勸袁紹說：「現在不趁機破曹，就有被曹操擊敗的可能。」袁紹非但不聽，還因許攸少時與曹操爲友，認爲有意欺騙他，說：「你與曹操早就認識，一定是受了曹操的賄賂，爲曹操充當奸細，本當斬首，今權且留你一條性命。」許攸出，仰天長歎道：「忠言逆耳，不可與其共謀大事。」欲拔劍自刎，左右勸他棄暗投明，點醒了許攸，當夜直奔曹營。

曹操聽說許攸來投，大喜，來不及穿鞋，光著腳迎了出來，見到許攸，大爲高興。許攸道：「我跟隨袁紹爲他出謀劃策，但袁紹言不聽、計不從，所以特來投故人，希望您能收留我。」曹操高興地說：「有您在這裡，一切事都好辦了！」並且馬上向許攸請教破袁紹之計。許攸道：「我曾叫袁紹用輕騎乘虛奇襲許昌，首尾相攻。」曹操大驚說：「如果眞是如此，我的大事就失敗了。」並拉著許攸的手說：「子遠，你很看重我們舊日的友情，你肯爲我出個良策嗎？」許攸說：「袁紹的軍糧輜重，全都囤積在烏巢，現今派淳于瓊把守。淳于瓊嗜酒而又沒有戒備，您可選精兵，詐稱袁將蔣奇領兵到他們那裡護糧，趁機燒其糧草輜重，那麼袁軍過不了三天便不戰自亂了。」曹操大喜。

第二天，曹操親自挑選了五千名馬步軍，準備前往烏巢劫糧。張遼說：「袁紹屯糧之所，怎麼沒有防備呢？丞相不可輕往，恐怕許攸有詐。」曹操卻說：「不是這樣。許攸這次來，是天敗袁紹。現在我軍糧草供給困難，難以維持；如果不用許攸之計，只能坐以待斃。如許攸有詐，又怎肯留在寨中？請將軍不要疑慮。」張遼又說：「既如此，也要防止袁軍趁機襲營。」曹操笑著說：「我早已準備好了。」荀攸、賈詡、許攸同曹洪守大寨，夏侯惇、夏侯淵領兵在左側埋伏，曹仁、李典領兵在右側埋伏。布置妥當後，命令張遼、許褚在前，徐晃、于禁在後，曹操帶領諸將居中，打著袁軍旗號，軍士皆負柴草，人銜枚，馬勒口，黃昏時便向烏巢進發。

曹操領兵夜行，經過袁紹的別寨，寨兵問是何處軍馬，曹操讓人回答說：「蔣奇奉命往烏巢護糧。」袁軍見是自家旗號，便不再疑惑。這樣經過數座營寨，都詐稱是蔣奇的軍隊，一點也沒受到阻礙。

等到了烏巢，四更已盡。曹操命令將捆好的草點著，圍著烏巢高舉火把，眾將校擊鼓高喊，逕直衝去。

這時，淳于瓊正與眾將飲酒作樂，醉臥帳中，聽到擊鼓和吶喊之聲，連忙跳起身問：「爲什麼喧鬧？」話沒說完，早被撓鉤拖翻。眭元進、趙睿運糧剛剛回來，見糧囤起火，急忙救應。曹軍飛報曹操說：「賊兵已到大軍後面，請分兵阻擋。」曹操大聲喝道：「諸將只顧奮力向前，等到賊兵殺到背後，才可以轉身迎敵！」於是眾軍兵無不爭先掩殺。

一時間，火焰四起，煙彌夜空。眭、趙二將驅兵來救，曹軍勒馬回身大戰，二將抵擋不住，全被曹軍所殺，糧草也都被燒盡。淳于瓊被擒，曹操命人割去他的耳朵、鼻子和手指，再把他捆在馬上，放回袁紹營中，存心污辱袁軍。

此時袁紹在大帳裡，聽報告說正北方向火光滿天，知道烏巢失守，急忙走出大帳召集文武官員商議派兵援救，張郃說：「我與高覽同去救助。」郭圖說：「不可以，曹軍劫糧，曹操必然親自前往。曹操既然出來了，軍寨必然空虛，可以率兵襲擊曹操軍寨，曹操聽到，必定速歸。這是孫臏『圍魏救趙』之計啊。」張郃說：「不可以。曹操足智多謀，外出必然做了防備。現在如果攻擊曹操不成功，淳于瓊被捕，我們也要被擒了。」郭圖說：「曹操只顧劫糧，難道還留兵在大寨嗎？」再三請求劫曹營。於是，袁紹派張郃、高覽率領五千兵馬，去官渡攻打曹營，派蔣奇領兵一萬，去救烏巢。

在烏巢，曹操殺散淳于瓊的軍兵，盡數繳獲了他們的衣甲旗幟，詐稱淳于瓊的部下，敗退回寨。走到山僻小路，正好與蔣奇的軍馬相遇。蔣奇的軍士問，回答稱是烏巢敗軍。蔣奇不疑，驅馬逕直過去。張遼、許褚忽然來到，大喝：「蔣奇休走！」蔣奇措手不及，被張遼斬於馬下，又將蔣奇之兵斬盡殺絕，又派人謊稱：「蔣奇已殺散了曹兵。」袁紹因此不再派兵接應烏巢，只向官渡添兵。

張郃、高覽攻打曹營，左邊夏侯惇、夏侯淵，右邊曹仁、李典，中路曹洪，一齊衝出。三下攻擊，袁軍大敗。

不久，曹操又從背後殺來，四下圍住掩殺。張郃、高覽死戰逃脫，並回報袁紹。

再說袁紹見淳于瓊耳鼻皆無，手足盡落，當得知他因飲酒誤事，大怒，當即把他斬了。其實也難怪，看看袁紹身邊這些人，除了張郃、高覽忠心耿耿外，其餘全是奸詐小人。因救援與截營這件事，郭圖與張郃意見不統一產生衝突，結果正如張郃所料，曹操早已設下埋伏，張郃、高覽大敗而歸。郭圖怕張郃、高覽回寨對證是非，便用計逼著張郃、高覽出走。張郃、高覽見不到袁紹，無法澄清事件眞相，被逼無奈投降了曹操。

袁紹失去了許攸、張郃、高覽，又丟了烏巢糧，軍心惶惶。當夜三更時分，曹軍出動三路大軍劫袁寨，混戰到天明，各自收兵，袁軍損失大半。荀攸獻計說：「現在可以揚言，說調撥人馬一路取酸棗，攻鄴郡；一路取黎陽，斷袁兵歸路。袁紹聞知，必然分兵拒我。我方可乘兵動時擊之，袁紹可破。」

曹操用其計，袁紹聽說果然大驚，急遣袁譚、辛明分兵援救鄴郡、黎陽。曹操分派八路大軍，直衝袁紹大營。袁軍全無鬥志，四散奔走。袁紹披甲不疊，曹軍張遼、許褚、徐晃、于禁四員戰將率軍追趕。袁紹急忙渡河，圖書、車仗、金帛全部丟棄，只引八百餘騎逃出。

曹操盡獲所遺之物，所殺計八萬餘人，血流盈溝，溺水死者不計其數。

縱觀此次戰役，曹操必勝、袁紹必敗，原因有三：

第一，曹操採取了正確的戰略戰策，曹軍勢力不及袁軍強大，曹操用「圍魏救趙」之計，避開了袁紹正面強大的攻勢，卻率精兵燒掉了袁軍的糧草，使其不戰自亂。

第二，用人不疑，疑人不用。袁紹不放手使用人，不能人盡其才，更不知揚長避短。張郃、高覽是忠義之將，且有勇有謀，不加以愛護和正確使用；淳于瓊雖是大將，但好酗酒誤事，卻讓其看守烏巢屯糧重地，這豈不是天大的失誤。

第三，袁紹政令不一，賞罰不明。認爲許攸通敵，卻不繩之以法，還令其自由活動，以至於反投曹操。

有此三點，袁紹因何不敗，曹操因何不勝。可見曹操是一個合格的高素質的領導。

第三計：借刀殺人

【原文】

敵已明，友未定，引友殺敵，不自出力，以《損》推演。

【譯文】

敵方已經明確，而盟友的態度還未明朗，要誘使盟友去消滅敵人，不必自己付出代價，這是根據《損》卦推演出來的。

【計名探源】

借刀殺人，是爲了保存自己的實力而巧妙地利用衝突的謀略。當敵方動向已明，就千方百計誘導態度曖昧的友方迅速出兵攻擊敵方，自己的主力即可避免遭受損失。此計是根據《周易》六十四卦中《損》卦推演而得。彖曰：「損下益上，其道上行。」此卦認爲，「損」、「益」不可截然分開，二者相輔相成。此計謂借人之力攻擊我方之敵，我方雖不可避免有小的損失，但可穩操勝券，大大得利。

春秋末期，齊簡公派國書爲大將，興兵伐魯。魯國實力不敵齊國，形勢危急。

孔子的弟子子貢分析形勢，認爲唯吳國可與齊國抗衡，可借吳國兵力挫敗齊國軍隊。

於是子貢遊說齊相田常。田常當時蓄謀篡位，急欲剷除異己。子貢以「忧在外者攻其弱，憂在內者攻其強」的道理，勸他莫讓異己在攻弱魯中占據主動，擴大勢力，而應攻打吳國，借強國之手剷除異己。田常心動，但因齊國已做好攻魯的部署，轉而攻吳，怕師出無名。子貢說：「這事好辦。我馬上去勸說吳國救魯伐齊，這不是就有攻吳的理由了嗎？」田常高興地同意了。

子貢趕到吳國，對吳王夫差說：「如果齊國攻下魯國，勢力強大，必將伐吳。大王不如先下手為強，聯魯攻齊，吳國不就可抗衡強晉，成就霸業了嗎？」子貢馬不停蹄，又說服趙國，派兵隨吳伐齊，解決了吳王的後顧之憂。

子貢遊說三國，達到了預期目的。他又想到吳國戰勝齊國之後，定會要挾魯國，魯國不能眞正解危。

於是他偷偷跑到晉國，向晉定公陳述利害關係：吳國伐魯成功，必定轉而攻晉，爭霸中原。勸晉國加緊備戰，以防吳國進犯。

西元前四八四年，吳王夫差親自掛帥，率十萬精兵及三千越兵攻打齊國，魯國立即派兵助戰。齊軍中吳軍誘敵之計，陷於重圍，齊師大敗，主帥國書及幾員大將死於亂軍之中。

齊國只得請罪求和。夫差大獲全勝之後，驕傲狂大，立即移師攻打晉國。晉國因早有準備，擊退吳軍。

子貢充分利用齊、吳、越、晉四國的衝突，巧妙周旋，借吳國之「刀」，擊敗齊國；借晉國之「刀」，滅了吳國的威風。魯國損失微小，卻能從危難中得以解脫。

曹操殺人欲借刀　劉表借刀計更高

自古以來，文人傲物、講究氣節，以顯示自己的清高與孤傲。三國時候的禰衡，就是一位才高八斗、學富五車的才子，這樣的人要是生逢其時，發揮他的才幹，一定能幹出一番事業，可惜禰衡生逢亂世，又恃才傲物，結果被殺。

禰衡之死，完全是曹操、劉表一手導演的借刀殺人的把戲。

漢獻帝建安初年，曹操考慮派一個使者到荊州勸荊州牧劉表投降。謀士賈詡建議說：「劉表喜歡與名士交往，最好能物色一位名士前去，就有可能招降劉表。」

曹操覺得有道理，就問另一個謀士荀攸說：「你認爲誰可以去？」荀攸回答：「當然以孔融去最好！」

孔融是孔子的第二十代孫，擔任過北海侯國的相，以能寫文章與慷慨好客聞名，是當時文學界著名的「建安七子」之一，當然是比較理想的人選。曹操點頭答應，並囑咐荀攸去給孔融打招呼。

孔融聽了荀攸的話，立刻接口說：「我有一位好友叫禰衡，字正平，他的才學比我高十倍，這個人足可以在天子身邊工作。做一個使者，更不成問題。」

後來孔融並沒有把禰衡直接推薦給曹操，而是向漢獻帝上了一個表，大大誇讚了禰衡的才能。獻帝把表章交給曹操，曹操心中老大不高興，就隨便叫人去把禰衡喊來。禰衡來後，按例行了禮，曹操卻一反以往尊重人才的常態，不給禰衡安排座位。

平時頗爲自負的禰衡見到這個場面，不覺仰頭向天，一聲長歎說：「天地雖然這樣寬闊，爲什麼眼前連一個像樣的人都沒有呢？」

曹操自傲地說：「我手下有幾十位能人，都是當代英雄，憑什麼說沒有人呢？」

禰衡又笑了一聲：「那就說給我聽聽吧！」

曹操不無得意地說：「荀彧、荀攸、郭嘉、程昱見識高遠，前朝的蕭何、陳平，都不如他們。張遼、許褚、李典、樂進勇猛無敵，過去的岑彭、馬武也不是對手。呂虔和滿寵替我主管文書，于禁和徐晃擔任我的先鋒官。夏侯惇是天下的奇才，曹子孝是世上的福將。這怎能說沒有人呢？」

禰衡哈哈笑了起來：「您全都講錯了，這些人我都認識，荀彧可使吊喪問病，荀攸只是個看墳墓的料；程昱僅能開門閉戶；郭嘉倒還可以讀幾句辭賦；張遼在戰場上只配打打鼓，敲敲鑼；許褚也許能放放牛，牧牧馬；樂進和李典當當傳令兵勉強湊合；呂虔不過能給人家磨刀，鑄幾把劍；滿寵是喝酒的能手；于禁是打磚的泥水匠；徐晃只有殺豬、扒狗的本事；夏侯惇可稱爲完體將軍；曹子孝被人稱爲只知道要錢的太守。其餘都是飯袋、酒桶而已！」

禰衡這一頓諷刺、挖苦，激怒了曹操，曹操喝斥起來：「你又有什麼能耐？」

禰衡毫不客氣：「我？天文地理門門都通，三教九流樣樣都知道。輔助天子，可以使他們成爲堯、舜；個人道德，可以與孔子、顏淵相比，怎能與這些凡夫俗子相提並論呢？」

這時，張遼在旁邊，聽到禰衡這樣狂妄，公開侮辱大家，氣得抽出寶劍要殺掉他，曹操止住他說：「我目前正缺少一個敲鼓的人，早晚朝賀的宴會，都要有人敲鼓，就讓禰衡去敲吧！」

老奸巨滑的曹操，企圖用這個辦法狠狠羞辱一下禰衡，誰知禰衡一點也不拒絕，很快答應下來，告辭去了。張遼問曹操：「這個傢伙講話這般放肆，爲什麼不讓我殺他？」

曹操笑笑說：「這個人在外面有點虛名，我今天殺了他，人家就會議論我容不得人。他不是自以爲很行嗎，那就叫他打打鼓，丟丟他的人吧！」

第二天中午，曹操在丞相府大廳上邀請了很多客人赴宴，命令禰衡打鼓助興。原先打鼓的人叮囑禰衡打鼓時必須換上新衣，但禰衡卻穿著舊衣服進入大廳。

禰衡精於音樂，打了一通「漁陽三撾」，音節響亮，格調深沈，發出金石般的聲音，座上的客人都被激動得情緒熱烈，流下淚來。

曹操的侍從們突然挑剔地叫道：「打鼓的爲什麼不換衣服？」誰知禰衡竟當眾脫下身上的破舊衣服，赤裸裸地站在那裡，客人們驚得一齊掩起面來。禰衡又慢慢地脫下褲子，一直不動聲色。

曹操看見這個情景，喝叱起來：「在朝廷的廳堂上，爲什麼這樣不懂禮儀？」

禰衡嚴峻地回答說：「目中沒有君主，才是不懂禮儀。我不過是暴露一下父母給我的身體，以顯示我的清白罷了！」

曹操抓住禰衡的話，逼問說：「你說你清白，那麼誰又是污濁的？」

禰衡直指曹操說：「你不識人才，是眼濁；不讀詩書，是口濁；不聽忠言，是耳濁；不通曉古今的知識，是頭腦污濁；不能容納諸侯，是胸襟污濁；經常打著篡奪皇位的念頭，是心地污濁。我是社會上知名的人，你強迫我打鼓，這不過如同當年奸臣陽虎輕視孔子，小人臧倉譭謗孟子一樣。你要想成就稱王稱霸的事業，這樣侮辱人，行嗎？」

禰衡這樣犀利地當面抨擊曹操，使大家都非常吃驚。當時孔融也在座，生怕曹操一氣之下會殺害禰衡，便巧妙地爲禰衡開脫說：「大臣像服勞役的囚徒一樣，他的話不足以讓英明的王公計較。」曹操聽出孔融在幫禰衡講話，事實上他也不想在這賓客滿座的場合，承擔殘害人才的惡名。

只見他裝作肚量極大的樣子，用手指著禰衡說：「我現在派你到荊州出使。如果說得劉表來歸降，那就重用你擔任高官。」禰衡知道劉表是不會歸附曹操的，派去的人也會凶多吉少，這分明是曹操在使借刀殺人的伎倆，不肯答應。

曹操立即傳令侍從，要他們備下三匹馬，由兩人挾持禰衡去荊州，一面還通知自己手下的文武官員，都到東門外擺酒送行，眞是既毒辣又狡猾！

到荊州後，禰衡把劉表挖苦了一番，劉表很不高興，就讓禰衡去江夏見黃祖。

禰衡大膽地痛斥曹操，在當時有一定的正義性。但由於他恃才傲物，往往出語傷人，也不討劉表喜歡。

劉表察覺到曹操有心把禰衡送來，好讓自己殺他，既解了曹操的恨，又把殺害賢人的罪責推到自己頭上，便也使了一個與曹操同樣的圈套，把禰衡轉派到生性殘暴的江夏太守黃祖那裡。

果然，禰衡在筵席上諷刺黃祖，說黃祖好像是廟裡的菩薩，只受香火，可惜並不靈驗，最後被黃祖所殺。

雖有一定的才智，但過於自傲，會樹敵過多！於己不利。不知道忍住恃才傲物的心，會給自己帶來許多的麻煩，這種教訓是十分深刻的。

如果單單評價一下禰衡，這個人在人們心目中的形象似乎不怎麼樣。他一進曹營就罵，自上而下，從文到武，全部都罵，不講一點道理，而且儘是人身攻擊。

尤其是罵曹操，並不能罵到點子上，只是說曹操眼濁、口濁、耳濁、身濁、腹濁、心濁，缺乏事實依據，並沒有罵他怎樣殘害百姓，如何陰謀篡漢，所以無人喜歡他。就連素養極高的張遼都要殺他。如此看來，禰衡只能算作一個狂傲到極點的狂生。

曹操想殺他，又怕落下「忌才」的壞名聲，但他知道禰衡這種狂傲的人，肯定會被達官顯貴所不容，所以來個借刀殺人之計，派禰衡出使荊州，企圖讓劉表殺死禰衡，使自己毫無損失地痛解心頭之恨。

劉表竟然識破了曹操的如意算盤，竟也容忍了禰衡的譏諷，令他去見黃祖，將禰衡放到黃祖的刀下。曹操沒有失算，不管他將禰衡轉置誰的刀下殺死，都正中他的下懷。並且，劉表這個「二傳」更有利於曹操，他似乎淡化了曹操的謀算，減輕了曹操殺禰衡的罪責。

郭嘉定計擒呂布　劉備借刀斬溫侯

建安三年（西元一九八年），呂布叛變，替袁術出力，派高順去小沛進攻劉備，劉備被擊敗。

曹操派夏侯惇去救劉備，被高順戰敗。曹操親自征討呂布，抵達下邳城下，給呂布寫了一信，爲他分析了禍福利害。

呂布打算投降，陳宮認爲自己負罪太多，阻攔他的計畫，所以呂布固守城池。

曹操攻城兩月不下，於是想撤兵回許昌，眾人急忙勸阻，認爲呂布指日可擒，不能撤兵。荀彧、郭嘉獻計決沂、泗二水淹下邳。曹操大喜，令軍士決二河之水，水淹下邳。

呂布儘管勇猛，但沒有謀略，而且遇事猜測疑忌，只相信幾個將領，加之曹軍水淹下邳，所以部下離心，綁了陳宮，投降了曹操，呂布也只好投降。

曹操入城，傳令退了所決之水，出榜安民。曹操與劉備同坐白門樓上，關羽、張飛侍立一旁。

左右帶過呂布，呂布叫道：「捆綁太緊了，請鬆一點。」

曹操說：「捆綁老虎不能不緊啊！」

呂布見自己的部將侯成、魏續、宋憲都站在一邊，就對他們說：「我待你們不薄，你們爲什麼背叛我？」

宋憲說：「你聽妻妾的話，不聽眾人的計謀，這如何不讓眾人寒心啊？」

呂布低頭不語。他見劉備在座一旁，便對劉備說：「您是座上賓，我是階下囚，爲什麼不替我說句話呢？」劉備並未表態。

呂布又對曹操說：「您憂慮的不過是我呂布，今日我已降您，您爭奪天下已用不著憂慮了。您率領步兵，如果您能讓我率領騎兵，那麼，用不了多久，天下就可以平定了。」

曹操聽了他的這一番話，覺得十分有道理，就猶豫不決。這時，劉備說：「你難道不見呂布是怎樣對待丁原和董卓的嗎？」

呂布看了劉備一眼，大罵道：「你這大耳兒，太不講信用了。你難道不記得轅門射戟的事了嗎？」（此前，呂布曾用「轅門射戟」的方法，替劉備解除過一場危難）此時，曹操想起呂布被金錢和美女所誘，殺死他的兩位主人的劣蹟，便不敢再養虎爲患了。

於是，立即下令縊死呂布，並梟首示眾了。

其實，劉備用的是借刀殺人之計，曹操如果眞的收服呂布，將會如虎添翼，無敵於天下。對於野心勃勃的劉備來說，這正是他所擔心的，如果是劉備捉了呂布的話，而呂布也願意爲其效力，他又怎麼會馬上將其殺死呢？最起碼，也要等到大功告成之時再殺呂布，如今曹操捉了呂布，劉備卻說了這番話，讓曹操明白呂布的爲人，殺掉呂布，削弱了曹操的力量，爲自己的發展鋪平了道路。

第四計：以逸待勞

【原文】

困敵之勢，不以戰；損剛益柔。

【譯文】

要使敵人處於困難的境地，不是直接出兵攻打，而採取「損剛益柔」的辦法，令敵由盛轉衰，由強變弱。

【計名探源】

以逸待勞，語出《孫子．軍爭篇》：「故三軍可奪氣，將軍可奪心。是故朝氣銳，晝氣惰，暮氣歸。故善用兵者，避其銳氣，擊其惰歸，此治氣者也。以治待亂，以靜待嘩，此治心者也。以近待遠，以佚（同逸）待勞，以飽待饑，此治力者也。」又《孫子．虛實篇》：「凡先處戰地而待敵者佚（同逸），後處戰地而趨戰者勞。故善戰者，致人而不致於人。」

原意是說，凡是先到達戰場而等待敵人的，就從容、主動，後到達戰場的只能倉促應戰，一定會疲勞、被動。因此，善於指揮打仗的人，總是調動敵人，絕不會被敵人調動。

戰國末期，秦國少年將軍李信率二十萬軍隊攻打楚國。開始時，秦軍連克數城，銳不可擋。

不久，李信中了楚將項燕的埋伏，丟盔棄甲，狼狽而逃，秦軍損失慘重。

沒辦法，秦王又起用已告老還鄉的王翦。王翦率六十萬軍隊，陳兵於楚國邊境。楚軍立即發重兵抗敵。老將王翦毫無進攻之意，只是專心修築城池，擺出一種堅壁固守的姿態。

兩軍對壘，戰爭一觸即發。楚軍急於擊退秦軍，相持年餘。王翦在軍中鼓勵將士養精蓄銳，吃飽喝足，休養生息。秦軍將士人人身強力壯，精力充沛，平時操練，技藝精進，王翦心中十分高興。

一年後，楚軍繃緊的弦早已鬆懈，將士已無鬥志，認爲秦軍的確防守自保，於是決定東撤。王翦見時機已到，下令追擊正在撤退的楚軍。秦軍將士人人如猛虎下山，只殺得楚軍潰不成軍。

此計重點是讓敵方處於困難局面，不一定只用進攻之法。關鍵在於掌握主動權，尋找機會，以不變應萬變，以靜制動，積極調動敵人，創造戰機，不讓敵人調動自己，而要努力牽著敵人的鼻子走。所以，不可把以逸待勞的「待」字理解爲消極被動地等待。

劉備百里連營　陸遜以逸待勞

三國演義中，最爲蕩氣迴腸的當屬「桃園三結義」，劉、關、張三人義結金蘭，誓同生死。劉備待關、張二人如手足，關、張二人誓死追隨劉備，爲劉備的霸業立下了汗馬功勞。待到三國鼎立的局面基本形成之時，有一項非常重要的任務落在關羽的身上，就是鎮守荊州這個軍事要塞。

但關羽違背了諸葛亮爲他制定「東聯孫吳、北抗曹魏」的策略，結果丟荊州、走麥城，最後兵敗身死。爲了替關羽報仇，劉備舉傾國之兵東進伐吳。

時值劉備剛剛舉行過登基大典，趁著盛事，舉軍東下，銳氣正盛，東吳難以抵禦，連折數員大將，甘寧、潘璋、馬忠皆在此次戰役中爲國身死，其餘不出名將軍十幾人。蜀軍深入吳境六七百里，且兵鋒所指無人能擋，此則東吳生死存亡之秋，舉國震驚。

在此危急時刻，經闞澤舉薦，孫權拜年輕的書生陸遜爲大都督，總督江東兵馬來與劉備決戰。

陸遜主張實施戰略退卻，以靜制動，以不變應其變。陸遜的部下多是東吳的功臣宿將和公室貴戚，他們自恃功高，對陸遜這位年輕統帥既不服氣，又不尊重。對於陸遜堅守不戰更是不理解，認爲這是陸遜怯懦無能的表現。陸遜擎劍在手曰：「吾雖一介書生，盟主上委以重任，認爲我的長處，就是能忍辱負重。各位將軍要各守隘口，牢把險要，不許妄動。違令者斬！」

這時，天氣炎熱，士兵取水困難，劉備便命令將營紮在山林茂盛、靠近泉水的地方。蜀軍從巫峽建平起到彝陵七百里間，接連設營，從正月到五月，與東吳相持不下。

劉備要求決戰不得，於是派吳班帶領數千弱兵在平地立營，引誘吳軍出戰，自帶精兵八千埋伏於山谷中，準備切斷吳兵後路。陸遜非但拒不出戰，還連續退卻七百里。任憑蜀軍討戰，堅持不予理睬。並且勸告眾將說：「吳班討戰，其中必有詭計，我們姑且觀望一下吧！」劉備見誘敵之計不成，只好把埋伏在山谷中的八千伏兵撤出來。

這時，陸遜上書孫權說：「彝陵是東吳的軍事要塞，雖然容易攻取，也很容易失守。一旦失去，連荊州也難以保住。因此，今天我們爭奪這個戰略要地，一定要一舉成功，一勞永逸；剛開始時，我考慮到蜀軍水陸大軍同時殺來，那樣，我們勢必要分兵抵抗。現在，蜀軍已放棄了水路進攻，單在陸路同我軍決戰，又在七百里內，處處結營，兵力分散，如此一來，蜀軍這一布署對我軍十分有利，所以，請陛下放心，我已有了破敵之策，請不要再為攻打劉備的事而掛心了。」

兩軍相持又一月有餘，仍未交鋒。這時，陸遜觀察形勢，見蜀軍沒了剛進兵時的銳氣，準備由退卻、防禦轉為進攻。將領們認為，要進攻劉備，應當在其初來的時候，如今我軍步步退卻，他們卻在我們國境六七百里內，到處設有重兵把守，這時進攻一定不會有好處。

陸遜則說：「我軍連續退卻，他們找不到我們的空隙，他們的士兵已經很疲憊，士氣低落，又想不出打敗我們的計畫。現在，正是我們用計打敗劉備的時候。」

於是，先派兵攻打劉備一個大營，做一次試探性的進攻，沒有成功，馬上改變戰術，命令士兵每人拿一把茅草，用火攻的方法襲擊蜀軍，得手後，陸遜便率領全軍人馬同時發起進攻，大戰之時，吳兵奮勇向前，斬了蜀將張南、馮習及少數民族武裝首領沙摩柯，攻破蜀軍四十多個大營，蜀軍將領杜路、劉寧等被迫投降，劉備匆忙逃上馬鞍山，由張苞、傅彤領兵沿山環列困守。

陸遜督促所有將領四面猛攻，蜀軍全軍潰散，死傷數以萬計，劉備又連夜逃走，靠著沿途焚燒輜重器械，堵塞山路隘口，才阻住吳軍的追擊，得以匆忙地逃進白帝城。第二年便死在白帝城。

此次戰役，陸遜用的便是以逸待勞之計：

第一，他知劉備勞師遠征，難服水土，供給艱難，想儘快速戰。如果此時迎戰，必然大敗，唯一的辦法是堅守不出，先避開蜀軍的銳氣，然後再尋找機會決戰。

第二，陸遜故意後退，有意麻痺蜀軍，拉長戰線，讓蜀軍孤軍深入。

第三，以精力旺盛之師與身心疲憊之師相持，拖垮蜀軍。天氣轉熱，蜀軍的進攻毫無結果，戰鬥力下降，意志力減退，此時正是決戰的最佳時機，彝陵之戰由此拉開序幕。

綜合以上三點，陸遜與劉備誰勝誰負自然知曉。

黃漢升以逸待勞　夏侯淵恃勇身死

劉備手下有五虎大將，其中以黃忠年紀最大，但正所謂「虎老雄心在」，黃忠的一出現，就一鳴驚人，長沙城下與關羽幾番廝殺，不分輸贏，最後劉備愛其才更愛其勇，將其收服。

劉備稱帝後，黃忠與關羽、張飛、趙雲、馬超同爲劉備的五虎上將。劉備想奪取漢中，便派黃忠與法正帶兵攻打定軍山，定軍山是曹操屯糧之地，由曹操的大將夏侯淵鎮守。

曹操在許昌聽說劉備攻打漢中，恐怕有失，於建安二十三年秋七月，親自起兵四十萬來救漢中。軍至南鄭。曹洪備言劉備派黃忠攻打定軍山一事，並言：「夏侯淵知大王兵至，固守未曾出戰。」曹操說：「若不出戰，是表示怯懦。」便差人持節到定軍山，教夏侯淵進兵。劉曄諫道：「夏侯將軍性剛而急，恐中奸計。」

於是，曹操寫了一封書信，派使者持節到夏侯淵營中，夏侯淵拆開，見信上寫：「凡為將者，當以剛柔相濟，不可徒恃其勇。若只憑其勇，則是一夫之敵耳。吾今屯大軍於南鄭，欲觀卿之妙才，勿辱二字也。」

夏侯淵大喜。與副將張郃商議道：「今魏王率大兵屯於南鄭，以討劉備。你我久守此地，豈能建立功業？來日我出戰，定要生擒黃忠。」張郃道：「黃忠謀勇兼備，況有法正相助，不可輕敵。此間山路險峻，只宜堅守。」

黃忠與法正引兵屯於定軍山口，累次挑戰，夏侯淵仍堅守不出。想要進攻，又恐怕山路危險，難以料敵，只得據守。

這一日，忽報山上曹兵下來搦戰。黃忠正要引軍出迎，法正說道：「夏侯淵為人輕躁，恃勇少謀。可激勸士卒，拔寨前進，步步為營，誘淵來戰而擒之，此乃反客為主之法。」黃忠採用其計，將應有之物盡賞三軍，歡聲滿谷，願效死戰。黃忠即日拔寨而進，步步為營；每營住數日，又進。夏侯淵聽說，就要出戰。張說：「此乃反客為主之計，不可出戰，戰則有失。」夏侯淵不從，引數兵出戰，黃忠正要與夏侯淵廝殺。兩將交馬，戰到二十餘合，曹營內忽然鳴金收兵。夏侯淵慌撥馬而回，被黃忠乘勢殺了一陣。

黃忠逼到定軍山下，與法正商議。法正用手指著定軍山說：「定軍山西，巍然有一座高山，四下皆是險道。此山上足可下視定軍山之虛實。將軍若取得此山，定軍山只在掌中也。」黃忠仰見山頭稍平，山上有些許人馬。這一夜二更，黃忠引軍士鳴金擊鼓，直殺上山頂。

山上有夏侯淵部將杜襲把守，只有數百餘人。當時見黃忠大隊擁上，只得棄山而走。黃忠得了山頂，正與定軍山相對。法正曰：「將軍可守在半山，我帶兵占據山頂。待夏侯淵兵至，我舉白旗為號，將軍卻按兵勿動；待他倦怠無備，我卻舉起紅旗，將軍便下山擊之：以逸待勞，必當取勝。」黃忠大喜，依計行事。

杜襲引軍逃回，見夏侯淵，說黃忠奪了對山。夏侯淵大怒道：「黃忠占了對山，不容我不出戰。」張郃諫道：「此乃法正之謀也。將軍不可出戰，只宜堅守。」夏侯淵道：「占了我的對山，觀我虛實，如何不出戰？」張苦諫不聽。夏侯淵分軍圍住對山，大罵挑戰。法正在山上舉起白旗。任從夏侯淵百般辱罵，黃忠只不出戰。

午時以後，法正見曹兵倦怠，銳氣已墮，多下馬坐息，乃將紅旗招展，鼓角齊鳴，喊聲大震，黃忠一馬當先，馳下山來，猶如天崩地塌之勢。夏侯淵措手不及，被黃忠趕到麾蓋之下，大喝一聲，猶如雷吼，夏侯淵未及相迎，黃忠手起刀落，將夏侯淵連頭帶肩砍為兩段。

黃忠與夏侯淵都是大將，但黃忠有勇有謀，夏侯淵勇而少謀，誰勝誰負，自然可知。現實生活中，有黃忠之謀者不多，做事意氣用事，有夏侯淵之浮躁者比比皆是，不可不慎。

第五計：趁火打劫

【原文】

敵之害大，就勢取利，剛決柔也。

【譯文】

敵方出現危難時，就要趁機進攻、奪取勝利。這是強大者利用優勢、抓住戰機、制服弱敵的策略。

【計名探源】

趁火打劫的原意是：趁人家家裡失火，一片混亂而無暇自顧的時候，去搶人家的財物。趁人之危撈一把，這可是不道德的行爲。此計用在軍事上指的是：當敵方遇到麻煩或危難的時候，就要乘此機會進兵出擊，制服對手。《孫子．始計篇》云：「亂而取之。」唐朝杜牧解釋孫子此句時說，「敵有昏亂，可以乘而取之」，就是講的這個道理。

春秋時期，吳國和越國相互爭霸，戰事頻繁。經過長期戰爭，越國終因不敵吳國，只得俯首稱臣。越王勾踐被扣押在吳國，失去行動自由。

勾踐立志復國，臥薪嘗膽。表面上對吳王夫差百般逢迎，終於騙得夫差的信任，被放回越國。回國之後，勾踐依然臣服於吳國，年年派范蠡進獻美女財寶，以麻痺夫差，而在國內則採取了一系列富國強兵的措施。越國幾年後實力大大加強，人丁興旺，物資豐足，人心穩定。吳王夫差卻被勝利衝昏了頭腦，被勾踐的假相迷惑，不把越國放在眼裡。他驕橫兇殘，拒絕納諫，殺了一代名將忠臣伍子胥，重用奸臣，堵塞言路。生活淫靡奢侈，大興土木，搞得民窮財盡。

西元前四七三年，吳國顆粒不收，民怨沸騰。越王勾踐選中吳王夫差北上和中原諸侯在黃池會盟的時機，大舉進兵吳國。吳國國內空虛，無力還擊，很快就被越國擊破滅亡。勾踐的勝利，正是乘敵之危、就勢取勝的典型戰例。

曹孟德移駕幸許都　呂奉先趁機襲徐州

趁火打劫用在軍事上講的是找準機會，才能成功。曹操平了山東，表奏朝廷，朝廷加封曹操爲建德將軍費亭侯。太尉楊彪暗奏獻帝說：「現今曹操擁兵二十餘萬，謀臣武將數十員，如果用此人扶持社稷，剿除奸黨，天下幸甚。」獻帝哭著說：「現朝綱不振！若能重振朝綱，誠爲大幸！」曹操因此入朝，總領大事。

這一天，曹操於後堂設宴，聚眾謀士商議：「劉備屯兵徐州，自領州事，現在呂布又兵敗投奔了劉備，若二人同心引兵來犯，必是心腹之患也。諸位有何妙計可圖之？」荀彧說：「有一計，叫二虎競食之計。令劉備與呂布廝殺，然後丞相再從中漁利。」曹操大喜，按計而行，不料此計被劉備識破，並未得逞。荀彧又獻一計：讓曹操給袁術處通氣，說劉備上密表，要得袁術的南郡。袁術聞聽大怒，要進兵取劉備的徐州。

劉備在徐州，聽說袁術要得自己的徐州，於是要起兵討袁術。孫乾說：「一定要先選好守城之人。」劉備便問關、張二人：「二弟之中，誰能守城？」關羽說：「弟願守此城。」劉備說：「我早晚有事要和你商量，豈能離開？」張飛曰：「小弟願守此城。」劉備說：「你守不住此城：一者你酒後剛強，鞭撻士卒；二者做事魯莽，不聽人勸。我放心不下。」張飛說：「弟從今日起，不飲酒，不打軍士，聽人勸就是了。」劉備說：「弟言雖如此，我終不放心。還請陳登輔助你，早晚少飲酒，不要誤事。」陳登應允。劉備一切安置妥當，率軍向南陽進發。

張飛自劉備走後，一應雜事都交予陳登管理，軍機大事自己斟酌。一天，宴請徐州各大小官員。眾人坐定，張飛道：「我家兄長臨去時，吩咐我少飲酒，別誤了大事。今天各位儘管豪飲一醉方休，明天都各自戒酒，幫我守城。但今天務必喝個痛快。」說完，起身與眾人倒酒。酒至曹豹面前，曹豹說：「我從不飲酒。」張飛說：「該殺的奴才，如何不飲酒？我偏要你吃一杯。」曹豹害怕，只得飲了一杯。張飛給眾人倒完酒，自己滿了一大碗，連飲了幾十碗，不覺大醉，卻又起身給眾人倒酒。酒至曹豹，曹豹再三不飲。此時張飛醉意正盛，便大怒道：「你違抗我的命令，該打一百鞭！」便喝軍士拿下。陳登勸道：「玄德公臨去時，吩咐你什麼來？」張飛說：「你是文官，只管文官的事，不要來管我！」曹豹無奈，只得告求說：「將軍，看我女婿之面，且恕我罷。」張飛說：「你女婿是誰？」曹豹說：「是呂布。」張飛大怒說：「我本不想打你，你拿呂布來嚇唬我，我偏要打你！我打你，便是打呂布！」眾人勸不住。將曹豹打到五十鞭時，眾人苦苦告饒，方才罷休。

酒席散去，曹豹回去，深恨張飛，連夜差人給呂布送信，訴說張飛無禮。並告之：劉備帶兵往淮南攻打袁術，今夜可乘張飛酒醉，引兵來襲徐州，不可錯過機會。呂布見信，便請陳宮來商議。陳宮說：「小沛絕非久居之地。現今徐州既有可乘之機，如何不取，失此良機不取，悔之晚矣。」呂布大喜，隨即披掛上馬，領五百騎兵先行，陳宮、高順引大軍隨後出發。

小沛離徐州只四五十里，上馬便到。呂布到城下時，天才四更，月色澄清，城上更不知覺。呂布到城下叫門：「劉使君的機密使者到了。」曹豹早在城上等候，便令軍士開門。呂布一聲令下。眾軍齊入，喊聲大舉。張飛正醉臥府中，左右急忙搖醒，報說：「呂布賺開城門，殺將進來了！」張飛大怒，慌忙披掛，提了丈八蛇矛，剛出府門上得馬時，呂布軍馬已到，正遇對面。張飛此時酒未全醒，不能力戰。呂布素知張飛勇猛，也不敢相逼。張飛殺出東門，玄德家眷在府中，都顧不得了。

杜預有意放火　周旨趁機打劫

趁火打劫還要善於自己「放火」，所謂放火，就是給敵方製造混亂，好趁機進兵。當然，「放火」要找準機會，否則恐怕難以達到效果。

司馬炎以晉代魏後，滅掉了蜀國。吳國丁奉、陸抗兩位國之柱石已死，吳主孫皓日趨荒淫凶逆，司馬炎命鎮南大將軍杜預爲大都督，討伐東吳。杜預兵出江陵，命令牙將周旨率領水軍八百人，乘小舟暗渡長江，夜襲樂鄉，在山林之處多立旌旗，白天放炮擂鼓，夜晚各處舉火。周旨領命，率兵渡江，伏於巴山。

第二天，杜預領大軍水陸並進。吳主孫皓見晉兵氣勢洶洶，急忙派遣伍延出陸路，陸景出水路，孫歆爲先鋒，三路迎敵。

杜預引兵前進，孫歆船早到。兩軍剛一交鋒，杜預便引兵而退。孫歆率兵上岸追趕杜預，追出不到二十里，一聲炮響，四面晉兵大至。吳軍急退，杜預乘勢掩殺，吳軍死傷不計其數。孫歆奔到城邊，周旨八百軍混雜於中，在城上放火。孫歆大驚道：「難道晉軍飛渡長江不成？」剛要退卻時，被周旨大喝一聲，斬於馬下。

陸景在船上，望見江南岸上一片火起，巴山上風飄出一面大旗，上書：「晉鎮南大將軍杜預」。陸景大驚，要上岸逃命，被晉將張尚斬殺。伍延見各軍皆敗，乃棄城走，被伏兵捉住。杜預趁機攻下江陵。

此次戰役，杜預趁火打劫成功原因有三：

第一，天下大勢所趨，晉強吳弱，吳國偏安一隅，很難與中原強國抗衡。

第二，吳主孫皓殘暴無能，不懂政治、軍事，人心不附，不再有人願意替其賣命。

第三，吳國已非孫權早年治下的吳國，無可用之將，朝野萎靡。

由此可以看出，即使杜預不派兵進攻，吳國也會內亂不止，只不過是早晚的事。

第六計：聲東擊西

【原文】

敵志亂萃，不虞，坤下兌上之象，利其不自主而攻之。

【譯文】

敵人亂得像叢生的野草，意料不到所要發生的事情，這是《易經》萃卦中所說的那種混亂潰敗的象徵。因此，要利用敵人不能自主的時候，對其發起攻擊。

【計名探源】

聲東擊西，是忽東忽西，即打即離，製造假像，引誘敵人做出錯誤判斷，然後趁機殲敵的策略。爲使敵方的指揮判斷失誤，必須採用靈活機智的行動，本不打算進攻甲地，卻佯裝進攻；本來決定進攻乙地，卻不顯出任何進攻的跡象。似可爲而不爲，似不可爲而爲之，敵方就無法推知我方意圖，被假像迷惑，做出錯誤的判斷。

東漢時期，班超出使西域，目的是團結西域諸國共同對抗匈奴。爲了使西域諸國便於共同對抗匈奴，必須先打通南北通道。地處大漠西緣的莎車國，煽動周邊小國歸附匈奴，反對漢朝。班超決定首先平定莎車國，莎車國國王遂向龜茲求援。龜茲王親率五萬人馬，救援莎車國。班超聯合于闐等國，兵力只有二萬五千人，敵眾我寡，難以戰勝，必須智取。班超遂定下聲東擊西之計，迷惑敵人。他派人在軍中散佈對班超的不滿言論，製造打不贏龜茲，準備撤退的跡象。並且特別讓莎車戰俘聽得清清楚楚。

這天黃昏，班超命于闐大軍向東撤退，自己率部向西撤退，表面上顯得慌亂，故意讓俘虜趁機逃脫。俘虜逃回莎車營中，急忙報告漢軍慌忙撤退的消息。龜茲王大喜，誤以爲班超懼怕自己而慌忙逃竄，想趁此機會追殺班超。他立刻下令兵分兩路，追擊逃敵。他親率一萬精兵向西追殺班超。班超胸有成竹，趁夜幕籠罩大漠，撤退僅十里地，部隊即就地隱蔽。龜茲王求勝心切，率領追兵從班超隱蔽處飛馳而過。班超立即集合部隊，與事先約定的東路于闐人馬迅速回師，殺向莎車軍。班超的部隊如從天而降，莎車軍猝不及防，迅速瓦解。莎車王驚魂未定，逃走不及，只得請降。龜茲王氣勢洶洶，追趕一夜，未見班超部隊蹤影，又聽得莎車已被平定、人馬傷亡慘重的報告，只得收拾殘部，悻悻然返回龜茲。

曹操聲東欲擊西　賈詡識計破曹兵

有些時候，將在謀而不在勇，正所謂「力戰不如智取」。漢末三國初，天下大亂，各路諸侯擁兵自重。袁術在淮南僭號稱帝，曹操領兵討伐袁術。張繡乘虛攻打許都，曹操只好回師許都，發兵討伐張繡。

建安三年夏四月，曹操統大軍至南陽城下，張繡知道曹兵已至，急忙派人報告劉表，讓他爲後應。同時與雷敘、張先二將領兵出城迎敵。兩陣對壘，張繡出馬，指著曹操罵道：「你是假仁假義、毫無廉恥的人，跟禽獸有什麼兩樣！」曹操大怒，令許褚出馬。張繡派張先接戰。只三個回合，許褚便斬張先於馬下，張繡軍大敗。曹操引軍一直追趕到城下，張繡進城，閉門不出。

曹操圍城攻打，見城壕很寬，水又很深，急難靠近，就命令軍士運土填壕，又用土布袋及柴草把相摻雜，在城邊做梯凳。還用雲梯向城內窺望。曹操騎馬繞城觀望有三天之久，爾後傳令，讓軍士在西門角上堆積柴草，會集眾將，說要從那裡上城。這是曹操聲東擊西之計，揚言從西門殺入，實則想從東南殺入。

不料，曹操此計卻被城中一人識破。這個人叫賈詡，字文和，是張繡的重要謀士，很有謀略。見如此光景，便對張繡說：「我已經知道曹操的用意了，現今可以將計就計而行，定能打敗曹操。」

原來，曹操每日繞城觀察時，賈詡也一直在觀察曹操。他知道，曹操是很會用兵的統帥，而且在制定好作戰計畫時，很少跟屬下講，只會吩咐屬下依命而行。賈詡在城上見曹操繞城觀看了三日，就知道曹操在考慮攻城的計策。他見城東南角磚土的顏色新舊不一，鹿角也多半已毀壞，就已料定曹操想從這兒進攻。曹操假意在西北角堆積柴草，製造聲勢，想哄騙張繡撤兵共守西北，好趁夜黑由東南偷襲，來一個聲東擊西。

曹操此計雖然瞞過了張繡，卻騙不了賈詡。賈詡向張繡說明曹操詭計，張繡問：「如果是這樣的話，我們怎麼辦呢？」賈詡說：「這事很容易。明日可選精壯的士兵，飽食後個個輕裝，全隱藏在城東南的房屋內，再叫些百姓假扮軍士，把守城西北。夜間任他們在東南角爬城，等他們爬進城後，一聲炮響，伏兵四起，曹操都可能被抓住啊。」張繡大喜，依計而行。

此時，早有人報告曹操，說張繡調兵集中在西北角，吶喊守城，而東南角卻很空虛。曹操說：「中我的計了！」於是命令士兵祕密準備爬城器具，白天引兵攻西北角，等到二更時分，領著精兵在東南角爬過壕溝，砍開鹿角。城中沒有一點動靜，眾軍一齊擁入。只聽見一聲炮響，伏兵四起。曹軍急退，背後張繡親自指揮勇壯之士追殺。曹軍大敗，退出城外，退了數十里。張繡直殺至天明，方收軍入城。曹操計點敗軍，折兵五萬餘人，失去輜重無數。

曹操欲用聲東擊西之計進攻張繡，不料卻中了賈詡的聲東擊西之計。正所謂「強中自有強中手，用計不如識計人」。

司馬懿聲東擊西　諸葛亮將計就計

蜀漢建興七年（西元二九九年）四月，諸葛亮統兵北上伐魏，兵至祁山，紮下大寨，諸葛亮把大軍分作三寨紮下，專候魏軍到來。聞知蜀軍進犯，魏軍統帥司馬懿以張郃為先鋒，戴凌為副將，率軍十萬前往祁山迎敵。

大軍到達祁山後，下寨於渭水之南，當即有前鋒部將郭淮、孫禮入寨參見。司馬懿問道：「前線情況如何？你們是否與蜀軍交鋒？」郭、孫二人回答說：「蜀軍剛到數日，尚未出戰。」

司馬懿說：「蜀軍千里遠道而來，利於速戰，今不急於出戰，其中必有陰謀。」說罷，又問隴西各路有什麼資訊。郭淮回答說：「據派出的細作探聽，隴西各郡守軍都十分用心，日夜提防，並無意外情況，只有武都、陰平二處，尚未得到消息。」司馬懿聽到郭、孫二將稟報的軍情後，用心思索了一下，想出了一條計策，對著郭淮、孫禮說：「明日我親自領兵出陣與諸葛亮交戰，你二人可急從小路前往增援武都、陰平，並從背後偷襲蜀軍，這樣可使蜀軍陣勢自亂，我軍再乘亂出擊，可獲全勝。」

郭、孫二人受計後，立即領五千人馬從隴西小路直奔武都、陰平，並將按計行事，從蜀軍背後發起奇襲。卻未料二人領兵正行進間，忽然哨馬來報，說是武都、陰平已先後被蜀將王平、姜維攻破，魏軍（指郭、孫二將率領的魏兵）前鋒已離蜀軍不遠，孫禮聽到這一訊息，心中頓時一陣疑惑慌亂，對著郭淮說：「蜀軍既已攻破二城，爲何尚陳兵城外？其中必定有詐，莫如趕快退兵！」

郭淮贊成孫禮的意見，正要下令退兵，忽聽一聲炮響，山背後閃出一支軍馬來，大旗上寫著：「漢丞相諸葛亮」，旗門開處，諸葛亮端坐在一輛車上，左有關興，右有張苞。郭、孫二將見此情景，不禁大驚失色，只聽見諸葛亮坐在車上大聲笑道：「郭淮、孫禮休想逃走，司馬懿搞聲東擊西計，怎能瞞得過我？他每日派人在正面陣前與我軍交戰，暗地裡卻教你們襲擊我軍背後，妄圖亂我大營，我只還他個將計就計，現在武都、陰平已被我軍攻取，你二人還不早早投降？」郭淮、孫禮聽到這話，更是十分慌張，卻又聽到背後喊殺連天，原來是王平、姜維又領一支蜀軍殺到，與前面的關興、張苞形成前後夾攻之勢，一時間，魏兵大敗，郭淮、孫禮也只得棄馬爬山而走……

司馬懿本想給諸葛亮來個聲東擊西，打亂蜀軍的大營，不料此計被諸葛亮識破，反給司馬懿來了個聲東擊西。正所謂「強中自有強中手，能人背後有能人」。

二龍爭戰決雌雄，赤壁樓船掃地空。
烈火張天照雲海，周瑜於此破曹公。
君去滄江望澄碧，鯨鯢唐突留餘蹟。
一一書來報故人，我欲因之壯心魄。

唐・李白《赤壁歌送別》

敵戰計

第二篇

第七計：無中生有

【原文】

誑也，非誑也，實其所誑也。少陰，太陰，太陽。

【譯文】

用假像欺騙敵人，但不是弄假到底，而是巧妙地由虛變實。也就是說，開始用小的假像，繼而用大的假像，最後假像突然變成眞象。

【計名探源】

無中生有，這個「無」，指的是「假」、是「虛」。這個「有」，指的是「眞」、是「實」。無中生有，就是眞眞假假、虛虛實實、眞中有假、假中有眞，虛實難辨，從而擾亂敵人，造成敵方判斷與行動上的失誤。

此計可分解爲三部曲：

第一步，示敵以假，讓敵人誤以爲眞；

第二步，讓敵方識破我方之假，掉以輕心；

第三步，我方變假爲眞，讓敵方誤以爲假。這樣，敵方思想已被擾亂，主動權就被我方掌握。

使用此計有兩點應予注意：

第一，敵方指揮官性格多疑、過於謹慎的，此計容易奏效。

第二，要抓住敵方思想已經迷惑不解之機，迅速變虛爲實、變假爲眞、變無爲有，出其不意地攻擊敵方。

唐朝安史之亂時，許多地方官吏紛紛投靠安祿山、史思明。唐將張巡忠於唐室，不肯投敵。他率領二三千人的軍隊守孤城雍丘（今河南杞縣）。安祿山派降將令狐潮率四萬人馬圍攻雍丘城。敵眾我寡，張巡雖取得幾次突然出城襲擊的小勝，但無奈城中箭矢愈來愈少，趕造不及。沒有箭矢，很難抵擋敵軍攻城。張巡想起三國時諸葛亮草船借箭的故事，心生一計。急命軍中搜集秸草，紮成千餘個草人，將草人披上黑衣，夜晚用繩子慢慢墜下城去。夜幕之中，令狐潮以爲張巡要乘夜出兵偷襲，急命部隊萬箭齊發，急如驟雨。張巡輕而易舉獲敵箭數十萬支。令狐潮天明後，知道中計，氣急敗壞，後悔不迭。

第二天夜晚，張巡又從城上往下吊草人。眾賊見狀，哈哈大笑。張巡見敵人已被麻痺，就迅速吊下五百名勇士，敵兵仍不在意。五百勇士在夜幕掩護下，迅速潛入敵營，打得令狐潮措手不及，營中大亂。張巡乘此機會，率部衝出城來，殺得令狐潮大敗而逃，損兵折將，只得退守陳留（今開封東南）。張巡巧用無中生有之計，保住了雍丘城。

諸葛亮無中生有　周公瑾決心破曹

有句話叫「請將不如激將」。的確，有時候苦口婆心地勸說未必奏效，動動腦筋、來點小策略，反倒容易把事辦成。

諸葛亮爲了達成聯吳抗曹的目的，智激周瑜，用的就是「無中生有」之計。

曹操率領大軍南下，想奪取東吳這個地方。東吳的孫權繼父兄之基業，有眾多賢良志士輔佐，國富民殷，不肯投降。劉備剛剛被曹操打敗，於是，派諸葛亮下江東，聯絡孫權共同抗擊曹操。當時，周瑜掌管東吳軍政大權，所以魯肅帶著諸葛亮來見周瑜。

周瑜知道諸葛亮是來東吳求救的，故而擺出一副姿態，因爲求人的人低人一等，被求的人總想擺出十足大恩公的姿態。在這種心理驅使下，周瑜就當著諸葛亮的面，和魯肅大談曹操大軍不可阻擋，只有降曹才是東吳的唯一出路，魯肅又急又氣，臉都爭紅了。在周、魯二人爭辯時，諸葛亮把二人的心思看得一清二楚，一旁袖手冷笑。

諸葛亮這一笑，周瑜更得意了：「先生何故發笑？」

諸葛亮說：「我不笑別人，笑魯子敬不識時務。」

魯肅忙問：「先生爲何笑我不識時務？」

諸葛亮即說：「公瑾決心降曹，甚爲合理。」

周瑜也趕緊說：「先生識時務，確實與我同心。」

諸葛亮與周瑜是以詐應詐，卻急壞了老實忠厚的魯肅：「先生，你為什麼也這麼說呢？」

諸葛亮又說：「曹操很會用兵，天下無敵。從前呂布、袁紹、劉表與之作對，都被消滅。只有劉備至今不識時務，仍然與其抗衡，現今孤立無援，屯於江夏，生死不保。將軍決心投降曹操，可以保全妻子、保全富貴，至於國家的存亡不過聽天由命罷了，那又算什麼呢？」這裡諸葛亮吹噓曹操，與周郎抬舉曹操的作用就不同了，前者抬曹操是迫使孔明更低聲下氣地求自己，諸葛亮說曹操厲害，則是刺激周郎年輕氣盛的自尊心。諸葛亮這番話說完，周瑜沒什麼反應，魯肅卻憤怒了：「你竟敢要我主屈膝受辱於曹賊嗎？」氣氛比以前緊張。

諸葛亮又說：「我有一計，不用殺牛宰羊，不用投降納城；也不用親自渡江；只需派一個使者，用一葉小舟送兩個人到江北。曹操得了這兩個人，肯定不動刀兵，率兵而退。」

周瑜一聽，忙問：「是什麼樣的兩個人？可以使曹操退兵。」

諸葛亮說：「東吳去此二人，如大樹上落下一片樹葉，太倉中減掉一粒糧食；而曹操得了這兩個人，必然高高興興退兵而去。」

周瑜問：「是怎樣的兩個人？」

諸葛亮說：「我在隆中居住時，就聽說曹操在漳河新造一台，叫銅雀台，非常壯麗，廣選天下美女，藏於銅雀台中。曹操是好色之徒，早就聽說江東喬公有兩個女兒，分別叫大喬和小喬，二人皆有沈魚落雁之容、閉月羞花之貌。曹操曾說：『我有兩個願望，其一，掃平四海、完成霸業；其二，能得江東二喬，放置在銅雀台內，以安度晚年，即便是死了，也沒有什麼遺憾的了。』現在曹操率領大軍要吞併江南，其實是爲了二喬而來。將軍爲何不去找喬公，用千金買二喬，派人送予曹操，曹操得了二喬，心滿意足、必然退兵。春秋時范蠡曾給夫差獻過西施，您爲什麼不用這個辦法呢？」

周瑜說：「曹操要得到二喬，有什麼證據嗎？」

諸葛亮說：「曹操的三子曹植，字子建，出口成章，曹操曾命他作一篇賦，叫《銅雀台賦》。這篇賦的意思要誓取二喬。」

周瑜說：「這篇賦先生能記下來嗎？」

諸葛亮說：「我喜歡這篇賦辭彩華美，所以記下一二。」

周瑜說：「先生能否背誦一下？」

諸葛亮當即背誦《銅雀台賦》：

……從明後以嬉遊兮，登層台以娛情。見太府之廣開兮……攬「二喬」於東南兮，樂朝夕之與共……

周瑜聽罷，勃然大怒，大罵曹操老賊，並誓死抗戰到底。諸葛亮仍然順著周瑜開始說的投降主張勸說周郎，並舉出漢代派公主和親的故事鼓勵周郎，還說兩個民女算什麼。

最後，周瑜說出了事實眞相：大喬是孫策的妻子，小喬是周郎的夫人，曹操竟然要使東吳國破家亡，奪妻欺人。周郎再好的修養也受不了，並說投降曹操是在試探諸葛亮，早有北伐之心，只是還未來得及，現在正好大破曹操。

其實，諸葛亮是用無中生有之計智激周瑜，他巧妙地把「二橋」換成了「二喬」。周瑜全然不知，以爲諸葛亮說的是事實。所以大怒不止，發誓與曹操決戰到底，正所謂「請將不如激將」。

曹操用計定軍心　王垕獲罪莫須有

無中生有，本來就是虛假的、不存在的。但在運用此計時，必須用條件得眞，讓人難辨眞假，也就是把沒有的事說的像眞的一樣，讓人信服。

在三國演義中，並非諸葛亮一人用過無中生有之計，曹操就多次用過此計。他在征討張繡途中，士兵饑渴難耐，曹操爲了搶時間，大喊：「前面有梅林！」於是曹家軍校個個爭先、人人努力前行。其實前面哪有什麼梅林，不過是曹操爲了鼓舞士氣的一種手段罷了。

後來，袁術在淮南稱帝，然後起二十萬大軍，分七路，向徐州殺來。試想，徐州乃軍事重鎮，早有平定天下之志的曹操，豈容袁術得逞？於是曹操親統大軍，也向徐州來戰袁術。

曹兵十七萬，每天要耗費很多糧食。全國各地又荒旱無收，曹兵糧草接濟不上。在這種情況之下，曹操催軍速戰，而袁術各將都閉寨不出。兩軍相拒月餘，糧食將盡。管糧官部下倉官王垕入稟曹操說：「兵多糧少，該怎麼辦呢？」曹操說：「可用小斛發糧，暫且救一時之急。」王垕說：「如果士兵埋怨，怎麼辦？」曹操說：「我自有辦法。」王垕依命，用小斛發糧。曹操暗中派人到各寨探聽，無不嗟怨，都說丞相欺眾。曹操於是密召王垕進帳說：「我想向你借一物，以壓眾心，請你不要吝惜。」王垕說：「丞相欲用何物？」曹操說：「想借你的頭用一用。」王垕大驚道：「我實無罪！」曹操說：「我也知你無罪；但不殺你，必會引起兵變。你死後，你的妻兒，我自會養活，你不必憂慮。」王垕再要說時，曹操早呼刀斧手，推出轅門外，一刀斬之，懸頭高竿，出榜曉示說：「王垕故用小斛發糧，盜竊官糧，按軍法斬之。」於是眾怨皆平。

本來是曹操暗中授意王垕用小斛發糧，然後曹操又給王垕定了個「盜竊官糧」的罪名，按軍法給斬了。其實這是「無中生有」的罪名。目的是要借王垕的頭來平息眾怒。

第八計：暗渡陳倉

【原文】

示之以動，利其靜而有主，益動而巽。

【譯文】

故意暴露我方的行動，以牽制敵人在某地集結固守，然後我方迂迴到敵人的背後發動突襲，攻敵不備、出奇製勝。

【計名探源】

暗渡陳倉，意思是採取正面佯攻，當敵軍被我牽制而集結固守時，我軍悄悄派出一支部隊迂迴到敵後，乘虛而入，進行決定性的突襲。

此計與聲東擊西計有相似之處，都有迷惑敵人、掩蓋自己行動的作用。二者的不同處是：聲東擊西，隱蔽的是攻擊點；暗渡陳倉，隱蔽的是攻擊路線。

此計是漢大將軍韓信創造的。「明修棧道，暗渡陳倉」，是古代戰爭史上著名的成功戰例。

秦朝末年，政治腐敗，群雄並起，紛紛反秦。劉邦的部隊首先進入關中，攻進咸陽。勢力強大的項羽進入關中後，逼迫劉邦退出關中。鴻門宴上，劉邦險些喪命。劉邦此次脫險後，只得率部退駐漢中。爲了麻痺項羽，劉邦退走時，將漢中通往關中的棧道全部燒毀，表示不再返回關中。其實劉邦無時不刻想著要擊敗項羽，奪得天下。

西元前二〇六年，已逐步強大起來的劉邦，派大將軍韓信出兵東征。出征之前，韓信派了許多士兵去修復已被燒毀的棧道，擺出要從原路殺回的架勢。關中守軍聞訊，密切注視棧道修復的進展情況，並派主力部隊在這條路線各個關口要塞加緊防範，阻止漢軍進攻。

韓信「明修棧道」的行動果然奏效。由於他吸引了敵軍的注意力，敵軍的主力調至棧道一線，於是韓信立即派大軍繞道到陳倉（今陝西寶雞縣東）突然發動襲擊，一舉打敗章邯，平定三秦，爲劉邦統一中原邁出了決定性的一步。

鍾會無心修棧道　鄧艾涉險渡陰平

鄧艾，字士載，自幼熟知兵法，善曉地理。先爲兗州刺史，後封爲安西將軍，假節領護東羌校尉。晉公司馬昭聽說後主劉禪聽信讒言，詔姜維班師，便命鄧艾與鎮西將軍鍾會共同出師伐蜀。

魏兵出師，早有探馬報告給姜維，姜維立刻上表後主：「請降詔派左車騎將軍張翼領兵守衛陽平關，右車騎將軍廖化領兵守衛陰平橋。這二處最爲要緊，如果這兩處有失，漢中就危險了。」當時後主劉禪改景耀五年爲炎興元年，每天與宦官黃皓在宮中遊樂，不理政事。對姜維的告急表文沒當回事。結果，鍾會不費吹灰之力，先後奪了鄭南關、樂城、漢城和陽平關。

姜維在沓中屯田避難，聽說魏兵連破四關，馬上起兵迎敵，終因寡不敵眾，在強川口被鄧艾大軍追殺，首尾不能相顧，只好衝破重圍，退守劍閣。鍾會在離劍閣二十里處下寨，雍州刺史諸葛緒守陰平橋頭，姜維詐取雍州，諸葛緒撤兵急救，姜維回兵過橋得脫，爲此，諸葛緒到鍾會寨中請罪，鍾會大怒，叱令立斬諸葛緒。監軍衛瓘說：「諸葛緒雖然犯了軍紀，但屬征西將軍鄧艾的部下，如果將軍殺了他，怕傷了和氣。」

鍾會說：「我奉天子詔書、晉公之命特來伐蜀，哪怕是鄧艾有罪，也要斬首。」眾人苦勸，鍾會才將諸葛緒押至洛陽，由司馬昭發落。有人將此事報與鄧艾，鄧艾大怒，帶了十幾個騎兵來見鍾會。

鍾會接入帳中，鄧艾問道：「將軍得了漢中，有沒有取劍閣的良策啊？」鍾會問：「將軍有什麼高見？」鄧艾再三推卻後講道：「可派一軍從陰平小路出漢中，出奇兵直取成都，姜維必撤兵來救，將軍可趁機奪取劍閣。」鍾會大喜說：「我在此專候將軍的佳音。」二人道別。鍾會說：「陰平小路，全是高山峻嶺，蜀兵百人便可守住要道，並斷其歸路。我從大道進攻，何愁大事不成。」

鄧艾自鍾會處出來之後，對隨從說：「鍾會料定我不能取下成都，我偏要攻下。」當夜下令，望陰平小路進兵，離劍閣七百里下寨。鄧艾一面寫機密文書派人星夜呈送司馬昭，一面召集部下問道：「我想乘虛取成都，跟你們一起建立不朽的功業，你們願意跟我一同出征嗎？」眾將應聲回答說：「願遵軍令，萬死不辭。」鄧艾先命令兒子鄧忠帶領五千精兵，不穿盔甲，分別拿著斧鑿等器具，凡遇險峻難行的地方，便鑿山開路，搭造橋閣，以便於後續部隊行軍。鄧艾又挑選了三萬步兵，各自都帶著乾糧繩索出發。

走了大約一百餘里，命三千軍士就地駐紮，又走了一百多里，又選了三千軍士駐紮。這年十月從陰平出發，走了二十多天，行了七百餘里，全是無人之地。

由於魏兵沿途駐紮，最後只剩下二千多人。最後來到一座大山下，名叫摩天嶺，馬無法上山，只得徒步上山。鄧艾率眾上山後，見鄧忠與開路壯士全在那裡哭泣。鄧艾問原因，鄧忠說：「這裡的山嶺全是立崖峻壁，無法開鑿，眼看前功盡棄，所以哭泣。」鄧艾說：「我軍已到這裡，過嶺便是江郵，難道還能退兵嗎？『不入虎穴，焉得虎子』。我與你們來到這兒，如果大功告成，便能共用富貴。」眾人都回答說：「願意聽從將軍的命令！」鄧艾先把軍器扔下去，自己用毡子裹住身體，先滾下去。其他人見狀，有毡子的用毡子裹身滾下，無毡子的用繩索繫住腰，攀援而下。鄧艾、鄧忠及二千軍士和開山壯士，全都過了摩天嶺。

當鄧艾帶著魏兵突然出現在江郵城時，蜀軍守將馬邈以為是神兵天降，不戰而降。鄧艾乘勝進兵，很快就攻下了綿竹。後主劉禪見大勢已去，被迫率眾臣出城投降，蜀漢從此滅亡。

此次鄧艾用的就是暗渡陳倉之計，他避開正面劍閣天險，偷渡無人把守的陰平，僅用兩千多人就迫降了蜀國。

明為弔喪祭周瑜　暗訪鳳雛請龐統

明修棧道，暗渡陳倉，並不一定用在軍事上，也可用在外交上。周瑜是三國裡的英雄，可惜英年早逝，三十六歲而亡。演義中記載：諸葛亮三氣周瑜，周瑜箭瘡迸發而死，因此東吳眾將深恨諸葛亮。

周瑜停喪於巴丘，眾將將周瑜所遺書緘，派人飛報孫權，孫權聞聽周瑜已死，放聲大哭。拆看周瑜遺書，推薦魯肅繼任都督之職。其書略曰：

> 瑜以凡才，荷蒙殊遇，委任腹心，統御兵馬，敢不竭股肱之力，以圖報效。奈死生不測，修短有命；愚志未展，微軀已殞，遺恨何極！方今曹操在北，疆埸未靜；劉備寄寓，有似養虎；天下之事，尚未可知。此正朝士旰食之秋、至尊垂慮之日也。魯肅忠烈，臨事不苟，可以代瑜之任。「人之將死，其言也善。」倘蒙垂鑑，瑜死不朽矣。

孫權看罷，哭著說道：「公瑾有王佐之才，現今忽短命而死，我還能依靠誰呢？既然遺書特薦子敬，我怎敢不從之。」即日便命魯肅爲都督，總統兵馬；一面命發周瑜靈柩回葬。

諸葛亮在荊州聽說周瑜死了，忙告於劉備。劉備問孔明道：「周瑜既死，該當如何？」諸葛亮道：「周瑜既死，必是魯肅爲都督。我當以弔喪爲由。去江東走一遭，尋訪賢士來輔佐主公。」劉備道：「只恐東吳將士加害先生。」諸葛亮笑道：「周瑜在時，我猶不懼；今周瑜已死，還有什麼好怕的？」於是與趙雲率領五百士兵，帶齊祭禮，乘船赴巴丘弔喪。在路上探聽得孫權已令魯肅爲都督，周瑜靈柩已運回柴桑。

諸葛亮直接奔柴桑，魯肅以禮迎接。周瑜部將都要殺掉諸葛亮，因見趙雲帶劍相隨，又有魯肅從中勸阻，才肯罷休。諸葛亮親自哭祭於靈前，親自奠酒，跪於地下，親讀祭文。祭畢，伏地大哭，淚如湧泉，哀慟不已。

魯肅設宴款待諸葛亮。宴罷，諸葛亮辭回。

其實，諸葛亮此次弔喪並非純粹的弔喪，還有另外一層意思，就是要請出好友龐統共同輔佐劉備。

諸葛亮辭別魯肅後，並未過江回到江夏，而是去了柴桑後山的「鳳雛庵」尋訪故友龐統。剛剛來到江邊，只見一人道袍竹冠，皂絛素履，一把揪住諸葛亮，大笑道：「你氣死周郎，卻又來弔孝，眞的是欺東吳無人啊！」諸葛亮急忙看來人，原來正是自己要訪的鳳雛先生——龐統，諸葛亮也大笑。兩人攜手登舟，各訴心事。諸葛亮留書信一封給龐統，特意推薦他到荊州去投奔劉備。龐統允諾告別，諸葛亮自己先回荊州。

後來，龐統終於投在劉備的門下做了軍師，幫助劉備一起攻取西川。

應該說，此次諸葛亮的外交目的達到了，兩件事情都做的非常完滿：一是給周瑜弔喪；二是請鳳雛先生出山。兩件事一明一暗，明者明修棧道，暗者暗渡陳倉。以明掩暗，明暗相生。

第九計：隔岸觀火

【原文】

陽乖序亂，陰以待逆。暴戾恣睢，其勢自斃。順以動《豫》，豫順以動。

【譯文】

在敵人內部衝突激化、分崩離析之時，我方應靜待敵方形勢的惡化。屆時，敵人橫暴兇殘，相互仇殺，必將自取滅亡。我方要採取順應的態度，然後見機行事，坐收漁翁之利。

【計名探源】

隔岸觀火，就是「坐山觀虎鬥」，「黃鶴樓上看翻船」。敵方內部分裂、衝突激化，相互傾軋，勢不兩立，這時切切不可操之過急，免得反而促成他們暫時聯手對付你。正確的方法是靜止不動，讓他們互相殘殺，力量削弱，甚至自行瓦解。

隔岸觀火之計在運用上，一般有兩種情況：

第一，坐觀敵方因內部衝突而出現的相互攻擊和殘殺的混亂局面，然後選擇有利時機，對敵人實施毀滅性的打擊。

第二，坐等敵人內部出現矛盾和衝突，利用一方消滅另一方，然後消滅或收復剩下的一方。

運用隔岸觀火之計，關鍵是充分利用敵方內部的一切矛盾和衝突，這就要求用計者必須非常熟悉敵方內部的情況，並對其發展趨勢有一個正確的判斷。

郭嘉遺計定遼東　曹操坐山觀虎鬥

曹操在官渡擊敗袁紹後，袁紹兵敗身亡，幾個兒子爲爭奪權力、互相爭鬥，曹操決定擊敗袁氏兄弟。袁尚、袁熙兄弟投奔烏桓，曹操進兵烏桓，兵至白狼山。袁尚、袁熙匯合匈奴冒頓，率騎兵數萬與曹操決戰，被曹操擊敗。

袁熙、袁尚率數千人逃向遼東。曹操並不追趕，而是退兵易州，按兵不動。大將夏侯惇說：「遼東太守公孫康久不臣服，現在袁熙、袁尚前去投靠，必爲後患，不如趁他們還未聯合起來，火速征討，這樣遼東大事可定。」曹操笑道：「不用勞煩各位將軍虎威，用不了幾天，公孫康定會將袁氏弟兄的腦袋送來。」眾將都不相信。但沒過多久，公孫康果然派人將袁氏弟兄的首級送到。曹操大笑：「果然不出郭嘉所料。」

原來，郭嘉在征烏桓的途中病倒，留在易州治病，病勢沈重，臨終時給曹操留下一封信，授計道：「我聽說袁尚、袁熙兄弟往遼東投奔公孫康，丞相千萬不要派重兵進攻。公孫康一直擔心被袁氏吞併，今袁熙、袁尚前去投奔，心中必然懷疑。如果我們派兵攻打，他們一定合力迎擊，急切中難以得手，如果暫緩出兵，公孫康與袁氏兄弟就會相互火拼。」

事情果眞如郭嘉分析的那樣，公孫康聽說袁熙、袁尚要來投奔，當即與手下的人議定：如果曹操前來征討，便留下袁氏弟兄合力抗曹，如果曹操並不派兵，就將袁氏弟兄殺掉，獻給曹操。因爲當年袁紹曾有吞併遼東之意，公孫康一直耿耿於懷，同時也擔心袁氏兄弟來投靠是假，欲鳩占鵲巢是眞。而袁氏兄弟也的確如公孫康所擔心的那樣，企圖尋找機會殺掉公孫康，占據公孫康的遼東，用遼東數萬騎兵抵擋曹操的進攻，再伺機收復河北。所以，當探馬把曹操屯兵易州，並無進兵遼東之意報上來時，公孫康立即設計除掉袁氏弟兄，派人將首級送到易州。

曹操不費一兵一卒，除掉袁氏弟兄，收復遼東，隔岸觀火，使曹操坐收漁人之利。

曹操舞權弄事　劉備隔岸觀火

曹操很早以來就有廢掉漢獻帝稱霸的野心，只是朝廷裡的忠臣太多，他一直不敢輕舉妄動。於是他要效仿趙高來個「指鹿爲馬」，試探一下群臣的反應。

這一天，他計畫好邀請漢獻帝外出打獵，以觀動靜。漢獻帝對曹操早有警覺，所以並不想去。然而曹操以古訓相邀，獻帝只好聽從。劉備、關羽也各自隨隊出許昌。

曹操昂首挺胸與漢獻帝並馬前行，神態十分傲慢。一隻雄鹿進入君臣的視線，漢獻帝興致上來，欲發箭射鹿，但連發三箭未中，曹操接過弓箭，一箭正好射中鹿背。群臣以爲獻帝射中的，高呼萬歲，曹操卻拍馬前行迎接群臣的拜賀。其實，曹操是在試探群臣的反應：看哪些人支援自己，哪些人反對自己，看自己篡位奪權的時機是否成熟。

關羽見曹操目中無人，欺君罔上，大怒，便欲殺曹操。這一切劉備早就看在眼裡。他何嘗不知道曹操舞權弄事，尋機廢帝？然而此時自己兵少將乏，正投靠在曹操門下。如此勢單力孤，此時殺曹操必然會惹火上身，既傷了皇帝，又損失了自己的力量，所以關羽提出要殺曹操，劉備當然不會應允。

劉備告誡關羽，凡事要三思而後行。估計到可能有的後果，然後再行動，保存力量，等待時機。昔日趙高「指鹿爲馬」，以察朝臣的順逆，今日曹操射鹿，以檢驗朝臣的從違，二者皆奸臣之心，前後如出一轍。

應該說，劉備在這件事上比關羽看得透徹，他深知曹操並不是說殺就殺得了的，關羽雖勇，但曹操手下人都跟隨在側，皆忠勇之人，有可能還未等關羽殺掉曹操，恐怕獻帝自己和關羽早已被殺。因爲古來君側之惡根基深，除之最難。所以劉備不同意關羽殺掉曹操，最好的辦法是隔岸觀火、等待時機。

第十計：笑裡藏刀

【原文】

信而安之，陰以圖之；備而後動，勿使有變。剛中柔外也。

【譯文】

設法使敵方相信我方是善意友好的，從而對我方不加戒備。我方則暗中策劃，積極準備，待機而動，不要讓敵方有所察覺而採取應變的措施。這是一種殺機暗藏、外表柔和的計謀。

【計名探源】

笑裡藏刀，原意是指那種嘴上抹蜜、心裡藏刀、「口裡喊哥哥，手裡掏傢伙」的做法。此計用在軍事上，是運用政治外交上的僞善手段，欺騙麻痺對方，來掩蓋己方的實際行動。這是一種表面友善而暗藏殺機的謀略。

戰國時期，秦國爲了對外擴張，奪取地勢險要的黃河崤山一帶，派公孫鞅爲大將，率兵攻打魏國。公孫鞅大軍直抵魏國吳城城下。吳城原是魏國名將吳起苦心經營之地，地勢險要，工事堅固，正面進攻很難奏效。公孫鞅苦苦思索攻城之計。他探到守將是與自己曾經有過交往的魏國公子，心中非常高興，馬上修書一封，主動與之套交情，信中說，雖然我們倆現在各爲其主，但考慮到我們過去的交情，還是兩國罷兵，訂立和約爲好。念舊之情，溢於言表。他還提出約定時間會談議和大事。

信送出後，公孫鞅還擺出主動撤兵的姿態，命令秦軍前鋒立即撤回。魏國公子看罷來信，又見秦軍退兵，非常高興，馬上回信約定會談日期。公孫鞅見他已鑽入了圈套，暗地在會談之地設下埋伏。

會談之日，魏國公子帶了三百名隨從到達約定地點，見公孫鞅帶的隨從更少，而且全部沒帶兵器，更加相信對方的意願。會談氣氛十分融洽，兩人重敘昔日友情，表達雙方交好的誠意。公孫鞅還擺宴款待公子。魏國公子興匆匆入席，還未坐定，忽聽一聲號令，伏兵從四面包圍過來，他和三百隨從反應不及，全部被擒。公孫鞅利用被俘的隨從，賺開吳城城門，占領吳城。魏國只得割讓西河一帶，向秦求和。秦國用公孫鞅笑裡藏刀之計，輕取崤山一帶。

笑裡藏刀惑敵計　老將新謀降吳國

三國後期，三國名存實亡，司馬炎以晉代魏，蜀漢相繼滅亡。只有東吳與晉並立。晉國君臣無時不刻在謀取東吳。於是，吳主孫皓令鎮東將軍陸抗率兵屯江口，以圖襄陽。早有消息報入洛陽，晉主司馬炎聞聽陸抗要進攻襄陽，與眾官商議。賈充建議派都督羊祜率兵拒之，待吳國中有變，乘勢攻取，東吳唾手可得。司馬炎立即降詔遣使到襄陽，宣諭羊祜。羊祜奉詔，整點軍馬，預備迎敵。

羊祜鎮守襄陽期間很得民心，東吳降卒有要回去的，皆任其自由。他削減在吳國邊境巡邏的士卒，讓這些士卒墾田種地八百餘頃。他剛到任時，軍無百日之糧。沒幾年的工夫，軍中的糧食夠十年之用。羊祜在軍隊裡，經常著輕裘、繫寬帶，不披鎧甲，帳前侍衛不過十餘人。

一次，部將稟告羊祜：「吳兵都懈怠無備。可趁機偷襲，必能大獲全勝。」羊祜笑道：「你等不要小看陸抗，此人足智多謀，日前吳主命他攻拔西陵，斬了步闡及其將士數十人，我救之不及。此人爲將，我等只可自守。等其國內有變，方可圖取。若不審時度勢而輕進，定是自取敗亡之道。」眾將聽完後更加佩服，只自守疆界而已。

一天，羊祜帶領諸將打獵，正趕上陸抗也出來打獵。羊祜下令：「我軍不許過界。」眾將得令，只在晉地打圍，不犯吳境。陸抗望見，歎道：「羊將軍有紀律，不可侵犯啊！」當晚各自退回。羊祜回到軍中，察問所得禽獸，被吳人先射傷的都送還吳人。吳人都很高興，來報陸抗。陸抗召來人問道：「你家都督能飲酒嗎？」來人答道：「一定是佳釀才喝。」陸抗笑道：「我有斗酒，藏了很久了，今天交給你帶去拜上都督，此酒陸某親自釀造，並用來自飲，特奉一勺，以表昨日出獵之情。」來人領諾，攜酒而去。左右問陸抗：「將軍以酒予羊祜，有何主意？」陸抗道：「羊祜既施德於我，我哪能無以酬謝？」眾將愕然。

來人回見羊祜，把陸抗所問連同送酒一事一一稟告。羊祜笑道：「陸抗也知吾能飲乎！」於是開壺取酒來飲。部將陳元勸道：「恐怕其中有詐，都督且宜慢飲。」羊祜笑道：「陸抗不會下毒的，不必疑慮。」竟傾壺飲之。從此，二人派人通問，經常往來。

有一天，陸抗派人問候羊祜。羊祜問來人：「陸將軍安否？」來人答道：「主帥臥病數日未出。」羊祜說：「料陸將軍之病，與我相同。我這裡有現成的藥，可送給陸將軍服用。」來人持藥回見陸抗。眾將勸道：「羊祜是我們的敵人，此藥必非良藥。」陸抗道：「羊叔子豈能下毒！你等眾人勿疑。」於是把藥服下。第二天病好了，眾將都來拜賀。陸抗說：「羊祜專以德，如我專以暴，是羊祜不戰而服我也。我豈不知其中之利。」眾將領命。

沒過多久，吳主遣使來到，陸抗接見使者。使者對陸抗說：「天子傳諭將軍，馬上進兵，不要讓晉人先進兵。」陸抗說：「你可先回，我自有疏章上奏。」使者辭去，陸抗隨即草疏派人到建業呈給吳王。奏疏中說明現在還不能對晉國用兵，並且勸吳王修德愼罰，以安內爲念，不當以黷武爲事。吳主看畢大怒：「朕聞陸抗在邊境與敵人相通，今果然如此！」於是罷了陸抗的兵權，降爲司馬，令左將軍孫冀代領江口軍事，群臣皆不敢諫。

羊祜聽說陸抗被罷官，孫皓失德，見吳有可乘之機，於是上表請求伐吳。由於賈充等人勸阻，司馬炎因此沒有准奏。羊祜聽說司馬炎沒有准奏，歎道：「天下不如意事，十之八九。今天不取東吳，豈不可惜啊！」

咸寧四年，羊祜入朝，奏請辭官養病。司馬炎問道：「卿有何安邦之策，以教寡人？」羊祜答道：「孫皓暴虐已久，現今可以不戰而克。如果孫皓不幸而歿，更立賢君，則吳國就難以圖取了。」司馬炎馬上醒悟：「卿馬上率兵討伐如何？」羊祜道：「臣年老多病，不堪當此任。請陛下另選智勇之士。」

是年十一月，羊祜病危，司馬炎親自問安。羊祜流著眼淚說：「臣萬死不能報陛下也！」司馬炎也哭泣著說：「朕深恨當時不用卿伐吳之策。今日誰可繼卿之志？」羊祜含淚答道：「臣死後，右將軍杜預可以伐吳。」司馬炎道：「舉善薦賢，是好事也，您爲何每次向朝廷推薦人時都自焚奏稿，不讓人知道呢？」羊祜道：「到朝廷爲官，替國家出力，卻要謝恩私門，這是臣所不取的。」說完而亡。司馬炎大哭回宮，敕贈太傅、巨平侯。南州百姓聽說羊祜死，罷市而哭。江南守邊將士也都哭泣。襄陽人思念羊祜在時，常遊於峴山，於是建廟立碑，四時祭之。往來人見其碑文，無不流涕，故名爲「墮淚碑」。

司馬炎依羊祜之言，拜杜預爲鎮南大將軍，都督荊州軍事，率兵一舉平定了吳國。慶功宴上，司馬炎執杯流著眼淚說：「這都是羊太傅的功勞，可惜他不能親自見到啊！」

笑裡藏刀在此處被賦予新意，以德行感化對方、籠絡對方，其實，這裡面有更大的陰謀，從意志上瓦解對方，從而達到自己的目的。

陸伯言笑裡藏刀　呂子明奇襲荊州

呂蒙在三國演義中是一位很有謀略的將軍，見劉備借了荊州賴著不還，便建議孫權武力奪取荊州。孫權應允，委任呂蒙爲都督節制軍事，收復荊州。

呂蒙返回陸口，早有探馬報告：「沿江上下，或二十里，或三十里，高阜處各有烽火臺。」又聞荊州軍馬整肅，預有準備，呂蒙大驚道：「如此，荊州難圖。我已在吳侯面前勸取荊州，今卻如何處置？」尋思無計，於是託病不出，派人回報孫權。孫權聽說呂蒙患病，心中著急。陸遜進言說：「呂子明之病是假的，並非眞病。」孫權道：「伯言既知其中有詐，可親往視之。」陸遜領命，星夜至陸口來見呂蒙，果然面無病色。陸遜說：「我奉吳侯之命，來探望子明。」呂蒙答道：「賤軀偶染疾病，何勞伯言探望。」陸遜說：「吳侯以重任付將軍，將軍不乘時而動，空懷鬱結，卻是爲何？」呂蒙目視陸遜良久不語。陸遜又說：「我有一方，能治將軍之疾，不知可用否？」呂蒙屛退左右而問：「伯言有何良方，請賜教。」陸遜笑道：「將軍之疾，不過因荊州兵馬整肅，沿江有烽火臺罷了。我有一計，令沿江守吏，不能舉火，荊州之兵，束手歸降，將軍願聽嗎？」呂蒙驚謝道：「伯言之語，如見我肺腑，願聞良策。」陸遜說：「關羽自恃英勇，所慮者唯將軍一人罷了。將軍乘此機會，托疾辭職，把陸口之任讓予沒有名望卻能擔大任之人，派人卑辭讚美關羽，以驕其心，關羽必盡撤荊州之兵，進攻樊城。乘荊州無備，用一旅之師，別出奇計以襲之，則荊州可取。」呂蒙大喜：「果眞是妙計啊！」

於是，呂蒙託病不起，上書辭職。陸遜回見孫權，具言稟告所出之計。孫權下令召呂蒙回建業養病。呂蒙回建業拜見孫權，孫權問呂蒙：「陸口之任，昔日周公瑾薦魯子敬，後魯子敬又薦卿，今卿亦須薦一才望兼備者繼任。」呂蒙說：「若用名望重之人，關羽必然防備。陸遜足智多謀，而未有遠名，非關羽所忌，若用陸遜代臣之任，必有所願。」孫權大喜，即日拜陸遜為偏將軍、右都督，代呂蒙守陸口。陸遜辭謝道：「我年幼無學，恐不堪重任。」孫權說：「子明保卿，必不會有錯。請卿不要推辭。」陸遜於是拜受印綬，連夜往陸口交割馬步水三軍已畢，即修書一封，準備名馬、異錦、酒禮等物，遣使赴樊城見關羽。

關羽尚在調理箭瘡，按兵不動。忽聽說江東陸口守將呂蒙病危，孫權調回調理，近拜陸遜為將，代呂蒙守陸口。今陸遜差人送書備禮，特來拜見。關羽召入使者，問道：「仲謀見識短淺，用此孺子為將！」來使答道：「陸將軍呈書備禮：一來與君侯作賀，二來求兩家和好。幸乞笑留。」關羽拆書視之，言詞極其卑謹。關羽覽畢，仰面大笑，令左右收了禮物，打發使者回去。使者回見陸遜：「關羽欣喜，並沒有憂慮江東之意。」

陸遜大喜，祕密派人探聽消息，關羽果然把荊州大半兵馬撤走赴樊城聽調，只待箭瘡痊癒，便欲進兵。陸遜察知詳細，即差人星夜報知孫權，孫權召呂蒙商議：「今關羽果然撤荊州之兵攻取樊城，現今可設計襲取荊州。」呂蒙也認為時機成熟，可取荊州。孫權拜呂蒙為大都督，總領江東諸路軍馬，令孫皎在後接應糧草。呂蒙點兵三萬，快船八十餘隻，選會水者扮作商人，皆穿白衣，在船上搖櫓，卻將精兵伏於船中。次調韓當、蔣欽、朱然、潘璋、周泰、徐盛、丁奉等七員大將相繼而進。其餘皆隨吳侯為後應，一面傳報陸遜，然後發白衣人，駕快船往潯陽江去。晝夜疾行，直抵北岸。江邊烽火臺上守台軍盤問時，吳人答道：「我等皆是客商，因江中風大，到此一避。」隨即把財物送予守台軍士。軍士信之，任其停泊在江邊。約至二更，船中精兵齊出，將烽火臺上官軍捉住，不曾走了一個。於是大軍長驅直入，逕取荊州，無人知覺。將至荊州，呂蒙將沿江烽火臺所獲官軍，用好言撫慰，各各重賞，令賺開城門，縱火爲號。眾軍領命，到城下叫門。門吏認得是荊州之兵，開了城門。眾軍一聲喊起，就在城門裡放起號火。吳兵齊入，取了荊州。

關羽只能以勇取勝，以義服人，卻不能獨自擔當大任。何也，蓋因其性格傲慢自大。他直呼江東眾英雄爲鼠輩，普天之下，除了劉備以外，恐怕找不到讓他佩服的人了，就連諸葛亮，有時他也不放在眼裡。呂蒙、陸遜正是利用他的這一弱點，用了笑裡藏刀之計取了荊州。可能關羽到死也沒有明白自己失敗的原因。

第十一計：李代桃僵

【原文】

勢必有損，損陰以益陽。

【譯文】

當局勢發展到一定要有損失時，應該犧牲局部來換取全局的勝利。

【計名探源】

李代桃僵中的「僵」，是仆倒的意思。

此計語出《樂府詩集．雞鳴篇》：「桃生露井上，李樹生桃旁。蟲來齧桃根，李樹代桃僵。樹木身相代，兄弟還相忘？」本意是指兄弟要像桃李共患難一樣相互幫助、相互友愛。

此計用在軍事上，指在敵我雙方勢均力敵、或者敵優我劣的情況下，用小代價換取大勝利的謀略。很像在象棋比賽中「捨車保帥」的戰術。

戰國後期，趙國北部經常受到匈奴及東胡、林胡等部侵擾，邊境不寧。趙王派大將李牧鎮守北部門戶雁門。

李牧上任後，並不備戰，只是每日殺牛宰羊，犒賞將士，只許堅壁自守，不許與敵交鋒。匈奴不知李牧搞什麼名堂，也不敢貿然進犯。李牧加緊訓練部隊，養精蓄銳，幾年後，兵強馬壯，士氣高昂。

西元前二五〇年，李牧準備出擊匈奴。他派少數士兵保護邊塞百姓出去放牧。匈奴人見狀，派出小股騎兵前去搶掠，李牧的士兵與敵騎交手，假裝敗退，丟下一些人和牲畜。匈奴人占得便宜，得勝而歸。

匈奴單于心想，李牧從來不敢出城征戰，果然是一個不堪一擊的膽小之徒。於是親率大軍直逼雁門。李牧早料到驕兵之計已經奏效，於是嚴陣以待，兵分三路，給匈奴單于準備了一個大口袋。匈奴軍輕敵冒進，被李牧分割成幾處，逐個圍殲。

單于兵敗，落荒而逃，其國遂滅。李牧用小小的損失，換得了全局的勝利。

曹操行刺反獻刀　好人只當壞人斬

漢末，天下大亂，董卓專權，擅自廢少帝、立劉協爲帝後，便自任相國，參拜不用通報，入朝不行叩拜之禮，可以帶劍上殿，威福無比，無惡不做，甚至夜宿龍床，姦淫宮女，朝廷大臣敢怒而不敢言。

董卓禍亂朝綱，司徒王允深爲忧慮。一日晚間，王允以過生日爲名，請眾官員到他府上小酌。酒行數巡，王允忽然掩面大哭。

眾人驚問：「今天是司徒的生日，爲什麼要大哭啊？」

王允說：「今天並非我的生日，是想與諸位一敘，怕董卓疑慮，才找這一託詞。董卓欺主弄權，社稷朝夕難保，我怎能不哭！」於是眾人皆哭。

座中一人卻撫掌大笑，說：「滿朝公卿，夜裡哭到天明，天明哭到夜裡，還能哭死董卓嗎？」王允一看，原來是驍騎校尉曹操，大怒道：「你祖宗也食漢祿，今日爲何不思報國，反要發笑呢？」

曹操說：「我不笑別事，只笑眾位竟無一計殺董卓。操雖不才，願意斬殺董卓，將人頭懸於城門之上，以謝天下。」

王允問道：「孟德有什麼辦法嗎？」

曹操說：「近日我之所以屈身侍奉董卓，實際是想趁機除掉他。聽說司徒有七寶刀一口，願借我一用，我入相府刺殺他，雖死無怨！」

王允說：「孟德如有此心，是天下大幸。」於是將七寶刀取來交給曹操。曹操藏刀，起身辭別眾人而去。

第二天，曹操佩著寶刀來到相府，問明董卓在小閣中，便直接進去，見董卓坐在床上，呂布侍立在側。

董卓問：「孟德爲何來遲？」

曹操說：「馬太瘦弱，跑不起來，所以來遲。」

董卓扭頭對呂布說：「我有西涼進來的好馬，奉先可去挑一匹賜予孟德。」呂布領命而出。

曹操要拔刀刺董卓，又怕董卓力大，不敢輕舉妄動。董卓身體胖大，不能久坐，便倒身而臥，轉臉向內。

曹操暗想：「老賊活該死在今日！」

曹操便急掣寶刀在手，正要行刺，不想董卓仰面看衣鏡中，照見曹操在背後拔刀，急回身問：「孟德何爲？」當時呂布已牽馬至閣外。

曹操害怕，忙持刀跪下說：「操有寶刀一口，獻上恩相。」董卓接過來一看，果然是把七寶嵌飾、極其鋒利的寶刀，就遞給呂布收了。曹操解下刀鞘交給呂布。

董卓帶曹操出閣看馬，曹操稱謝說：「願試騎一下。」董卓令人配上鞍轡。曹操牽馬出相府，加鞭望東南而去。

呂布對董卓說：「剛才曹操有行刺之狀，被識破後推說獻刀。」董卓說：「我也懷疑。」二人正在說話，李儒來相府，董卓把剛才的事說了一遍。李儒說：「曹操沒有妻小在京城，自己獨居寓所，可令人去喚他，如果沒有疑慮前來便是獻刀，如果推託不來便是行刺，即刻拿下。」

董卓馬上命人前往傳喚曹操，差人去了很久回報董卓：曹操沒有回寓所，而是騎馬奔東門而去。董卓大怒，確信曹操是來行刺，於是遍行文書，畫影圖形，捉拿曹操，擒獻者賞千金，封萬戶侯，窩藏者同罪。

曹操逃出城外，飛奔譙郡，路經中牟縣，被守關軍士捉獲，來見縣令。曹操說：「我是客商，複姓皇甫。」

縣令仔細端詳曹操，沈吟半晌說：「我在洛陽求官時，曾認得你是曹操，如何隱瞞？先把他拿下，明日解去京師請賞。」

等到夜裡，縣令令心腹暗地取出曹操，押到後院審問，縣令問：「我聽說丞相待你不薄，爲何要自取禍端？」

曹操說：「燕雀安知鴻鵠之志！你既拿住我，便當解去請賞，何必多問。」

縣令屏退左右，對曹操說：「你不要小覷我！我非俗吏，但恨未遇明主。」

曹操說：「我祖宗世世代代食漢祿，若不思報國，與禽獸何異？我所以屈身事董卓，是想趁機除掉他，爲國除害。今事不成，這是天意啊！」

縣令說：「孟德此行，想去哪裡？」

曹操說：「我將暫且回歸鄉里，假借皇上的名義發詔書，召天下諸侯共討董卓。」縣令聽完，親自爲曹操鬆綁，扶他上座，再拜道：「曹公眞是天下忠義之士啊！」曹操也拜問縣令姓名，縣令說：「我姓陳，名宮，字公台。老母和妻子都在東郡。今感公忠義，願棄官從公而逃。」

曹操大喜。

當夜陳宮收拾盤費，與曹操更衣易服，各背寶劍，騎馬而走。

二人走了三天，到了成皋這個地方，曹操對陳宮說：「這裡有一姓呂人家，主人叫呂伯奢，是我父親的結義弟兄，就在這裡住一宿，如何？」

陳宮說：「最好。」二人來到莊前下馬，入見呂伯奢。

呂伯奢說：「我聽說朝廷已下文書，正在捉你，你父親已到陳留躲避去了。你怎麼到了這裡？」

曹操把事情說了一遍，說：「若非陳縣令，早已粉身碎骨了！」

呂伯奢拜陳宮說：「小侄若非使君，曹氏就滿門抄斬了！請使君放寬心思，今晚就住在這裡。」說完，即起身入內，半晌才出來，對陳宮說：「老夫家無好酒，容往西村買一樽好酒來相待。」說罷，匆匆騎驢而去。

曹操與陳宮坐了很久，忽聽後院有磨刀之聲。

曹操說：「呂伯奢不是我的至親，此去可疑，當仔細竊聽！」二人悄悄步入草堂後，只聽有人說：「捆起來殺，如何？」

曹操說：「今若不先下手，必遭擒獲！」於是和陳宮拔劍直入，不問男女，統統殺掉，一連殺死八口。待搜至廚下，卻見捆著一豬要殺。

陳宮說：「孟德多疑，誤殺好人！」二人急出莊上馬而行。行不到二里，只見呂伯奢騎驢迎面而來，驢鞍橋旁懸酒二瓶，手中提著果菜，喊道：「賢侄與使君爲何就走？我已吩咐家人宰豬款待，快請撥馬回去。」曹操並不打話，只顧策馬前行。

行不數步，忽拔劍復回，喊呂伯奢說：「看那邊來者何人？」呂伯奢回頭看時，早被曹操一劍斬了。陳宮大驚，責怪曹操故殺好人。

曹操說：「他回家後，見殺死多人，豈能罷休？乾脆把他殺了，以免後患。這叫『寧教我負天下人，休教天下人負我』。」陳宮見曹操如此做人，晚上投宿後，便趁曹操熟睡，另投他人去了。

司馬昭李代桃僵　成濟反為替罪羊

魏景三年正月下旬，曹魏的第二代帝王曹叡病危，於是，把八歲幼子曹芳託付給曹爽、司馬懿。司馬懿老謀深算，用假癡不癲之計，趁曹芳、曹爽等兄弟謁高平陵祭先帝之機，一舉奪得兵權，殺了曹爽等一班曹氏忠臣。

魏主曹芳封司馬懿爲丞相，加九錫，司馬氏父子三人同領國事。

嘉平三年秋八月，司馬懿病重，在病榻上囑咐完司馬氏弟兄後而死。曹芳令人厚葬，然後封司馬師爲大將軍，總領尚書事；封司馬昭爲驃騎大將軍。自此司馬氏弟兄專制朝權，群臣不敢不服。魏主曹芳每見司馬師入朝，便戰慄不已。曹芳欲聯合夏侯霸等人剷除司馬師等，不料事洩，曹芳被廢，曹髦爲帝，改嘉平六年爲正元元年。從此，司馬師上朝不行叩拜之禮，帶劍上殿。

正元二年正月，揚州都督、鎮東將軍、並領淮南軍馬毌丘儉，聽說司馬師專權亂政，不禁大怒，盡起淮南兵馬討賊。司馬師帶著眼疾出征，結果病勢嚴重，遂班師回許昌。

司馬師自知難保，便囑咐司馬昭說：「我現在權重，想卸去也做不到了。我死之後，你繼承我的位置吧，切記大事不可託付他人，不然就會自取滅族之禍。」說完大叫一聲而死。

於是司馬昭發表申報魏主曹髦。曹髦命司馬昭繼續屯兵許昌，以防東吳。但司馬昭怕朝廷有變，於是率兵到洛水之南屯紮。

曹髦見司馬昭不奉詔，即命王肅持詔，封司馬昭為大將軍，錄尚書事。

司馬昭以大將軍拜相國，又封晉公，加九錫，獨攬朝政大權。曹髦年齡雖小，卻有雄心大志，被朝臣譽為「才同陳思（曹植），武類太祖（曹操）」。但是朝中上下，司馬昭都安插心腹親信，曹髦被牢牢控制，絲毫不能有所作為。

這一年正月，有人上報朝廷，說寧陵井中兩次出現黃龍，以為祥瑞。可是曹髦心裡清楚！自己現在上不在天，下不在田，屈居於井中，這又哪裡是吉祥的兆頭呢？想到自己類似傀儡的處境，不由地哀歎，隨口吟了一首《潛龍詩》，以自我解嘲。詩曰：

傷哉龍受困，不能躍深淵。
上不飛天漢，下不見於田。
蟠居於井底，鰍鱔舞其前。

藏牙伏爪甲，嗟我亦同然。

曹髦把自己比作藏身井中的飛龍，被泥鰍、黃鱔之類的爬蟲所欺凌戲弄，其意明顯是指向司馬昭。

後來司馬昭見了這首詩，馬上與謀臣賈充商量，賈充告訴司馬昭：「曹髦是個很危險的人物，要早早殺掉。」司馬昭點頭同意，要賈充準備此事。

曹髦見自己身邊的人都不可靠，便召侍中王沈、尚書王經、散騎常侍王業進京密商。曹髦說：「司馬昭之心，路人皆知。朕不能坐等被廢。今天，我與你等商議討賊之策。」哪知三人一聽此話，大吃一驚。

王經對曹髦說：「春秋時，魯昭公因爲不能忍受季氏專權，與之交兵失敗而逃，失去了國家，更爲天下人恥笑。如今司馬氏掌權已久，朝廷之上只知有司馬昭而不知有陛下。而且陛下宮中衛兵很少，憑藉什麼同司馬昭相鬥?不如緩而圖之。」

曹髦年輕少謀，頭腦衝動，武斷地說：「朕意已決，即使死也沒什麼可怕的，何況還未知勝負呢?」說完自己進內宮稟告太后。王沈、王業害怕司馬昭的權勢，跑到司馬昭府中告密去了。

第二天，少年皇帝曹髦揮劍登輦，率領數百人，直奔相府殺來。司馬昭接到王沈、王業密報，早已令賈充嚴密準備。

曹髦領兵與賈充相戰，賈充所領兵士有千餘人，曹髦奮力衝殺，走在前面。眾兵見曹髦衝來，趕緊後退，因爲曹髦畢竟是當今天子。

賈充一見，恐大事不成，大聲對成濟說道：「司馬公豢養你們這麼久，正是爲了今天，不趕緊動手，還等什麼？」成濟連忙揮戈上前，一戈刺向曹髦胸口，曹髦揮劍抵擋不住，戈當胸穿過，立即喪命。餘下之人一看魏帝已死，一哄而散。

司馬昭在府中接到手下報告曹髦已死的消息，心中大喜。但他表面上還是裝出悲痛的樣子，立即跑出相府，大哭不止。

曹髦已死，司馬昭召群臣上殿商議，尙書左僕射陳泰拒不上朝，後來還是司馬昭逼著陳泰的舅父荀顗把他請來。

司馬昭問陳泰：「玄伯，今天的事，你是怎樣看的？」

陳泰說：「只有斬賈充，才能以謝天下。」

司馬昭不願讓賈充做替罪羊送死，又對陳泰說：「再沒有其他的辦法了嗎？」

陳泰說：「並無其他辦法。」

司馬昭見陳泰一定要殺賈充，心想，不如把殺死曹髦的責任全部歸罪於成濟。於是令人起草詔書，然後進宮逼郭太后下詔，詔書說：「魏帝曹髦生性暴戾，誹謗太后，傷害大將軍。以至自陷大禍，著廢爲庶人，以民禮安葬，使內外皆知其所作所爲。」

詔書一下，司馬昭就有冠冕堂皇的理由捕殺成濟，成濟自然不服，登屋頂拒捕，並將司馬昭、賈充幕後指使的事全盤托出，結果被賈充命人亂箭射死。

事情過去十幾天，司馬昭爲了進一步掩飾殺君的罪名，搜捕成濟家屬族人，交付廷尉處置。

其實滿朝文武，包括郭太后在內，誰都明白，這不過是司馬昭爲了掩飾殺君之罪的障眼法而已。

第十二計：順手牽羊

【原文】

微隙在所必乘，微利在所必得。少陰，少陽。

【譯文】

敵人出現的小漏洞，必須趁機利用。再微小的好處，也要極力爭取。變敵人的小漏洞為我方的小勝利。

【計名探源】

順手牽羊是看準敵方在移動中出現的漏洞，抓住薄弱點，乘虛而入，獲取勝利的謀略。古人云：「善戰者，見利不失，遇時不疑。」意思是要捕捉戰機，乘隙爭利。

西元三八三年，前秦統一了黃河流域，勢力強大。前秦王苻堅坐鎮項城，調集九十萬大軍，打算一舉殲滅東晉。

苻堅派其弟苻融為先鋒攻下壽陽，初戰告捷。苻融判斷東晉兵力不多並且嚴重缺糧，建議苻堅迅速進攻東晉。苻堅聞訊，不等大軍齊集，立即率幾千騎兵趕到壽陽。

東晉將領謝安得知前秦百萬大軍尚未齊集，決定抓住時機，擊敗敵方前鋒，挫敵銳氣。於是派謝石爲大將軍，馬上統兵出征。

謝石先派勇將劉牢之率精兵五萬，強渡洛澗，殺了前秦守將梁成。劉牢之乘勝追擊，重創前秦軍。

謝石率師渡過洛澗，順淮河而上，抵達淝水一線，駐紮在八公山邊，與駐紮在壽陽的前秦軍隔岸對峙。

苻堅見東晉陣勢嚴整，立即命令堅守河岸，等待後續部隊。謝石感到機會難得，只能速戰速決。

於是，他決定用激將法激怒驕狂的苻堅。他派人送去一信，說道：我要與你決一雌雄，如果你不敢決戰，還是趁早投降爲好。如果你有膽量與我決戰，你就暫退一箭之地，讓我渡河與你比個輸贏。

苻堅看信後大怒，決定暫退一箭之地，等東晉部隊渡到河中間，再回兵出擊，將晉兵全殲水中。他哪裡料到此時秦軍士氣低落，撤軍令下，頓時大亂。

秦兵爭先恐後，人馬衝撞，亂成一團，怨聲四起。這時指揮已經失靈，幾次下令停止退卻，但如潮水般撤退的人馬已成潰敗之勢。

這時謝石指揮東晉兵馬，迅速渡河，乘敵大亂之際，奮力追殺。前秦先鋒苻融被東晉軍在亂軍中殺死，苻堅也中箭受傷，慌忙逃回洛陽，前秦大敗。

淝水之戰，東晉軍抓住戰機，乘虛而入，是古代戰爭史上以弱勝強的著名戰例。

孫堅順手得玉璽　劉表半路設伏兵

董卓是東漢末年的國賊，像一顆毒瘤。朝中的忠良死節之士看出，不除此毒瘤，朝綱難振。於是，以曹操、袁紹為首的十八路諸侯各自興兵，結成盟軍，共同討伐董卓。

十八路諸侯在虎牢關外大戰董卓的義子呂布，結果呂布大敗。

董卓見大勢不妙；決定放棄洛陽，遷都長安，便火燒洛陽城，挾持天子，望長安進發。汜水關守將趙岑見董卓棄了洛陽，於是獻關投降，盟軍先鋒孫堅驅兵先入。劉備、關羽、張飛也殺入虎牢關，眾諸侯引軍入關。

孫堅見董卓火燒洛陽城，便率兵長驅直入，飛奔洛陽，遙望城中火焰沖天，黑煙鋪地，兩三百里沒有雞犬人煙。孫堅命人救火，眾諸侯把軍馬屯在荒地上。孫堅救滅宮中餘火，屯兵城內，在建章殿基上搭起大帳。孫堅令軍士掃除宮殿瓦礫。凡董卓所掘陵寢全都掩閉。在太廟基上簡單地搭建了三間殿屋，請眾諸侯立列神位，祭奠完畢眾人散去。

孫堅回到寨中，這天夜裡星月交輝，孫堅按劍坐在帳外，見紫微垣中白氣漫漫，不禁仰天長歎說：「帝星不明，賊臣亂國，萬民塗炭，京城一空！」說罷不覺淚下。

這時，有一位軍士報告說：「有五色毫光從殿南井中射出。」孫堅命人點起火把，下井打撈。撈起一具女人的屍體，屍體尚未腐爛。看穿著是宮裡裝束，脖子上掛著一個錦囊。打開錦囊時，但見裡面一個朱紅色的小匣，打開小匣，裡面放著一方玉璽，方圓四寸，五龍交紐纏繞著鐫刻在上面，玉璽缺了一角，底上刻有八個篆字：「受命於天，既壽永昌。」

孫堅得到這方玉璽，來問程普，程普說：「這是傳國玉璽，這塊玉是古時卞和進獻給楚文王的。後被秦始皇所得，秦始皇二十六年，命優良的工匠雕琢成玉璽，李斯在上面篆刻了這八個字。兩年後，秦始皇巡幸到洞庭湖，風浪大作，秦始皇的龍船眼看要翻，他急忙把玉璽投入湖中，風浪頓時平息。到了秦始皇三十六年，他又巡遊天下，在華陰，有人持這枚玉璽擋道，並對秦兵說：『持此還祖龍。』說完這人不見了，這樣此玉璽又回到了秦國。後來高祖滅了秦國，子嬰將玉璽獻給漢高祖。王莽篡位時，孝元皇太后用印打王尋、蘇獻，因此玉璽崩了一角，後用黃金鑲補。光武帝中興，傳位至今，近來聽說十常侍作亂，劫少帝出北邙，回宮卻丟失了傳國玉璽。現今上天將此寶物授予主公，必有登帝的緣分。此處不可久留，應速回江東另圖大事。」

孫堅說：「將軍之言甚和我意。明日我就託病告辭回江東。」商議妥當，吩咐眾軍士不要說出去。

沒想到其中有一名士兵，和袁紹是同鄉，他認爲這是進身的機會，便連夜偷偷地去向袁紹報告。袁紹重賞他，並把他暗藏在軍中。

第二天，孫堅向袁紹告辭說：「我身體患病，想回長沙調養，特來向您告別。」

袁紹笑著說：「我知道，你患的是傳國玉璽病吧。」

孫堅一驚道：「這話從何說起？」

袁紹說：「現今興兵討賊，爲國除奸。玉璽是天子的信物，你既已得到，就應當眾留在這裡，等殺掉董卓之後，再還給朝廷。而你想把它藏起來據爲己有，不知想做什麼？」

孫堅說：「既然玉璽是天子的信物，怎麼會在我這裡？」

袁紹說：「建章殿井中之物何在？」

孫堅說：「我哪來的玉璽，爲什麼強逼於我？」

袁紹說：「趕緊拿出來，免得自取災禍！」

孫堅指天發誓說：「我如私自藏匿這寶物，日後不得善終，死於刀箭之下。」眾諸侯勸道：「文台既然這樣發誓，想必沒有。」袁紹把那個軍士叫出來說：「認識這個人嗎？」孫堅大怒，拔劍要殺那個士兵。

袁紹也拔劍在手說：「你斬軍士，是欺我。」袁紹背後的顏良、文丑也拔劍出鞘。程普、黃蓋、韓當一見也握刀在手。眾諸侯一齊勸住，孫堅隨即上馬回營，拔寨離洛陽而去。

袁紹惱怒，於是修書一封，派心腹連夜送往荊州刺史劉表處，讓他在路上截擊孫堅，奪回玉璽。

荊州刺史劉表也是漢室宗親，待看完袁紹的書信後，令蒯越、蔡瑁帶一萬兵馬截擊孫堅。

孫堅領兵剛到，蒯越、蔡瑁早已擺開陣勢，蒯越當先出馬。孫堅問：「蒯將軍爲什麼帶兵擋我的去路呢？」

蒯越說：「你既為漢臣，為什麼私藏傳國玉璽？留下玉璽，放你回去！」

孫堅大怒，令黃蓋出戰。蔡瑁舞刀來戰，沒鬥幾個回合，黃蓋一鞭正打在蔡瑁的護心鏡上。蔡瑁大敗而走，孫堅趁勢揮兵殺過界口。突然山後金鼓齊鳴，劉表親自帶兵前來，孫堅在馬上施禮說：「景升為什麼相信袁紹，逼迫鄰郡呢？」

劉表卻說：「你私藏傳國玉璽，這不是要造反嗎？」

孫堅說：「我如有玉璽，願死在刀箭之下！」

劉表說：「那就把隨軍行李打開讓我搜看。」

孫堅怒吼道：「你有何德何能，膽敢小看我。」剛要交戰，劉表便退了。

孫堅縱馬去追，沒想到山後伏兵四起，蔡瑁、蒯越也回身殺過來，將孫堅圍在垓心。程普、黃蓋、韓當三將死救，孫堅方才脫險，損失了大半軍兵，奪路回到江東。

有些事情看起來很奇怪，努力想得到卻得不到，沒有去想這件事，卻意外地得到了，得到了並不一定是好事，沒得到並不一定是壞事。

孫堅意外地得到了傳國玉璽，本該是件好事，但緊跟著壞事又來了，就是由於這顆傳國玉璽，為他引來了刀兵之災，看來福禍相生，並不盡如人意啊！

周瑜奇計破曹兵　劉備順手得荊州

赤壁之戰後，周瑜要一鼓作氣收復荊州，他先派兵取了彝陵，然後回兵直逼南郡。南郡危急，曹仁與眾將商議，曹洪說：「如今失了彝陵，形勢危急，爲何不拆丞相的錦囊求計，以解此危？」曹仁連忙拆書來看，大喜（原來曹操兵敗赤壁後，回兵許昌前留下一個錦囊給曹仁，囑其到危急時刻打開。）。

曹仁依計而行，傳令五更做飯，平明時大小軍馬盡皆棄城，城上遍插旌旗，虛張聲勢。兵分三門而出。

周瑜陳兵於南郡城外，見曹兵分三門而出，不禁奇怪，上將台觀看。只見女牆邊虛搠旌旗，無人守護，又見曹軍腰下都束縛包裹。

周瑜暗想：一定是曹仁守不住南郡，打算撤走。於是下將台號令三軍，分兩軍爲左右翼，如前軍得勝，只顧向前追趕，直待鳴金，方許退步。命程普督後軍，周瑜親自引軍取城。曹兵鼓聲響處，曹洪出馬搦戰，周瑜派韓當出馬交戰，戰到三十餘合，曹洪敗走。

曹仁親自出來交戰，周泰縱馬相迎；鬥十餘合，曹仁敗走。周瑜趁機指揮兩翼人馬殺出，曹軍大敗。周瑜親自引軍馬追至南郡城下，曹軍並沒有入城，而是往西北面逃走。韓當、周泰引前部盡力追趕。

周瑜見城門大開，城上又無人，下令眾軍搶城。數十騎當先而入。周瑜在背後縱馬加鞭，直入甕城。

陳矯在敵樓上，望見周瑜親自入城來，暗暗喝采道：「丞相妙策如神！」一聲梆子響，兩邊弓弩齊發，勢如驟雨。爭先入城的，都顛入陷坑內。周瑜急勒馬回時，被一弩箭正射中左脅，翻身落馬。牛金從城中殺出，來捉周瑜。徐盛、丁奉二人捨命救去。城中曹兵突出，吳兵自相踐踏，落坑者無數。程普急收軍時，曹仁、曹洪分兵兩路殺回。

吳兵大敗。幸得凌統引一軍從刺斜裡殺來，敵住曹兵。曹仁引得勝兵進城，程普收敗軍回寨。

丁、徐二將救得周瑜到帳中，喚隨行軍醫用鐵鉗子拔出箭頭，將金瘡藥敷掩瘡口，疼不可當，飲食難進。軍醫說：「箭頭上有毒，短時間內傷口很難癒合。若怒氣衝激，瘡口一定復發。」

程普令三軍緊守各寨，不許輕出，三日後，牛金引軍來搦戰，程普按兵不動。牛金罵至日暮方回，次日又來罵戰。程普恐周瑜生氣，不敢報知。

第三日，牛金直至寨門外叫罵，聲聲只道要捉周瑜。程普與眾商議，欲暫且退兵，回見吳侯，不再理會。卻說周瑜雖患瘡痛，心中自有主張，已知曹兵常來寨前叫罵，卻不見眾將來稟報。

一日，曹仁自引大軍，擂鼓吶喊，前來搦戰。程普拒守不出。周瑜喚眾將入帳問話：「何處鼓譟吶喊？」

眾將回答：「軍中教演士卒。」

周瑜怒曰：「何欺我也！我已知曹兵常來寨前辱罵。程德謀既與我同掌兵權，何故坐視？」

於是命人請程普入帳問之。

程普回話道：「我見都督病瘡未愈，不能觸怒，故曹兵搦戰，不敢報知。」

周瑜說道：「眾位將軍等不戰，有什麼好主意嗎？」

程普說：「眾將都打算收兵暫回江東。待都督箭瘡痊癒，再戰曹兵。」

周瑜聽罷，於床上奮然躍起道：「大丈夫食君俸祿，當戰死於疆場，以馬革裹屍爲榮耀！豈能爲我一人，而廢國家大事呢？」說罷，即披甲上馬。諸軍眾將，無不駭然。

周瑜引兵出營，見曹兵已布成陣勢，曹仁自立馬於門旗下，揚鞭大罵道：「周瑜孺子，料必橫夭，再不敢正覷我曹兵！」罵聲未絕，周瑜從群騎內突然閃出道：「曹仁匹夫！見周郎否！」曹軍看見，盡皆驚駭。

曹仁回顧眾將道：「可大罵之！」眾軍厲聲大罵。周瑜大怒，使潘璋出戰。未及交鋒，周瑜忽大叫一聲，口中噴血。墜於馬下。曹兵衝來，眾將向前抵住，混戰一場，救起周瑜。

回到帳中後，程普前來探視周瑜：「都督貴體若何？」

周瑜祕密地對程普說：「這是我的破敵之計。」

程普問道：「如何用計？」

周瑜說：「我身本無什麼痛楚，我之所以這樣，是想讓曹兵知我病危，必然輕敵。可派心腹軍士去城中詐降，說我已死。今夜曹仁必來劫寨。我在四下埋伏好精兵，則曹仁可一鼓而擒。」程普鼓掌大笑道：「果然是妙計！」二人商量完畢，馬上安排，帳下哀聲四起，三軍皆哭。盡傳言都督箭瘡迸發而死，各寨盡皆掛孝。

曹仁正在城中與眾將商議，認爲周瑜怒氣衝發，金瘡崩裂，以致口中噴血，墜於馬下，不久必亡。

正在議論，忽然有人來報：「吳寨內有軍士來降。中間有二人，原是曹兵被擄過去的。」曹仁忙喚入問明情況。

軍士回答說：「今日周瑜陣前金瘡碎裂，歸寨即死。今眾將皆已掛孝舉哀。我等皆受程普之辱，特來歸降。」曹仁大喜，隨即商議今晚便去劫寨，奪周瑜首級，送赴許都請功。

曹仁令牛金爲先鋒，自爲中軍，曹洪、曹純斷後，只留陳矯領少許軍士守城，其餘軍兵盡起。初更後出城，直奔周瑜大寨。

來到寨門，不見一人，但見虛插旌旗，知是中計，急忙退軍。忽然四下炮聲齊發：東邊韓當、蔣欽殺來，西邊周泰、潘璋殺來，南邊徐盛、丁奉殺來，北邊陳武、呂蒙殺來。曹兵大敗，三路軍皆被衝散，首尾不能相救。曹仁引十數騎殺出重圍，正遇曹洪，二人引殘兵敗將一同奔走。

殺到五更，離南郡不遠，一聲鼓響，凌統又引一軍攔住去路，截殺一陣。曹仁引軍死戰走脫，又遇甘寧大殺一陣。曹仁不敢回南郡，直奔襄陽大路而行，吳軍追趕了一程後撤兵而回。周瑜、程普收住眾軍，來到南郡城下，見旌旗佈滿，敵樓上趙雲答話道：「都督息怒！我奉我家軍師將令，已取南郡城多時了。」

周瑜大怒，便命攻城。城上亂箭射下。周瑜下令暫且回軍，與眾將商議後，派甘寧引數千軍馬取荊州；凌統引數千軍馬取襄陽；然後卻再取南郡不遲。

正在這時，忽然探馬來報說：「諸葛亮得了南郡，又用兵符，星夜詐調荊州守城軍馬來救，然後張飛襲了荊州。」

不消片刻，又一探馬來報說：「諸葛亮差人到襄陽用兵符，詐開城門，關雲長偷襲得手，取了襄陽。」二處城池，全不費力，皆被劉備順手所得。

本來周瑜費了很大力氣才取下的南郡，卻被劉備竊取，諸葛亮又派人順手得了荊州、襄陽，使東吳的周瑜竹籃打水一場空，三處城池俱被劉備乘亂所得。

大江東去，浪淘盡，千古風流人物。
故壘西邊，人道是，三國周郎赤壁。
亂石穿空，驚濤拍岸，卷起千堆雪。
江山如畫，一時多少豪傑。
遙想公瑾當年，小喬初嫁了。
雄姿英發，羽扇綸巾，
談笑間，檣櫓灰飛煙滅。
故國神遊，多情應笑我，早生華髮。
人生如夢，一樽還酹江月。
生子當如孫仲謀。

宋・蘇軾《念奴嬌・赤壁懷古》

攻戰計

第三篇

第十三計：打草驚蛇

【原文】

疑以叩實，察而後動；複者，陰之謀也。

【譯文】

發現可疑情況，就要弄清實情，只有在偵察清楚以後才能行動；反覆瞭解和分析敵方的情況，是發現陰謀的重要方法。

【計名探源】

打草驚蛇，語出段成式《酉陽雜俎》：唐代王魯任當塗縣縣令，搜刮民財，貪污受賄。有一次，縣民控告他的部下主簿貪贓。他見到狀子，十分驚駭，情不自禁地在狀子上批了八個字：「汝雖打草，吾已驚蛇。」

打草驚蛇作爲謀略，是指敵方兵力沒有暴露，行蹤詭祕，意向不明時，切切不可輕敵冒進，應當查清敵方主力配置、行動方向再說。

西元前六二七年，秦穆公發兵攻打鄭國，他打算和安插在鄭國的奸細裡應外合，奪取鄭國都城。大夫蹇叔認爲秦國離鄭國路途遙遠，興師動眾長途跋涉，鄭國肯定會做好迎戰準備。秦穆公不聽，派孟明視等三帥率部出征。

蹇叔在部隊出發時，痛哭流涕地警告說，恐怕你們這次襲鄭不成，反會遭到晉國的埋伏，只有到崤山去給士兵收屍了。

果然不出蹇叔所料，鄭國得到了秦國襲鄭的情報，逼走了秦國安插的奸細，做好了迎敵準備。秦軍見襲鄭不成，只得回師，但部隊長途跋涉，十分疲憊。部隊經過崤山時，毫無防備意識。他們以爲秦國曾對晉國剛死不久的晉文公有恩，晉國不會攻打秦軍。但他們哪裡知道，晉國早在崤山險峰峽谷中埋伏了重兵。

一個炎熱的中午，秦軍發現晉軍小股部隊，孟明視十分惱怒，下令追擊。追到山隘險要處，晉軍突然不見蹤影。孟明視一見此地山高路窄，草深林密，情知不妙。這時鼓聲震天，殺聲四起，晉軍伏兵蜂擁而上，大敗秦軍，生擒孟明視等三帥。

秦軍不察敵情，輕舉妄動，「打草驚蛇」，終於遭到慘敗。當然，軍事上有時也可故意「打草驚蛇」而誘敵暴露，從而取得戰鬥的勝利。

孔明有意打草　曹操無奈退兵

西元二一八年，劉備領兵十萬圍漢中，曹操聞報大驚，起兵四十萬親征。定軍山一役，蜀將黃忠計斬曹操大將夏侯淵。曹操大怒，親統大軍抵漢水與劉備決戰，誓爲夏侯淵報仇。蜀軍見曹兵勢大，退駐漢水之西，兩軍隔水相拒。劉備與孔明至營前觀察兩岸形勢，謀劃破敵之策。

孔明見漢水上游有一土山，可伏兵千餘。回營後命趙雲率領五百士兵，都帶上鼓角，伏於土山之下，或黃昏，或半夜，只要聽到本營中炮響一次，便擂鼓吹角吶喊一通，但不可出戰。孔明自己卻隱在高山上觀察敵軍動靜。

第二天，曹兵到陣前挑戰，見蜀營既不出兵，也不射箭，叫喊了一陣便回去了。

到了深夜，孔明見曹營燈火已滅，軍士們剛剛歇息，便命營中放炮爲號，令趙雲的五百伏兵鼓角齊鳴，喊聲震天。曹兵驚慌，疑有蜀兵劫寨，趕忙披掛出營迎敵。可出營一看，並不見有什麼蜀兵劫寨，便回營安歇。待曹兵剛剛歇定，號炮又響，鼓角又鳴，吶喊又起。一夜數次，弄得曹兵徹夜不得安寧。一連三夜如此，致使曹操驚魂不定，寢食不安。有人對曹操說，這是諸葛孔明的疑兵計，建議不要理睬他。可曹操說，我豈不知是孔明的詭計！但如果多次皆假，卻有一次眞來劫營，我軍不備，豈不要吃大虧！曹操無奈，只得傳令退兵三十里，找空闊之處安營紮寨。

諸葛亮用「打草驚蛇」之計逼退了曹兵，便乘勢揮軍渡過漢水。蜀軍渡漢水後，諸葛亮傳令背水紮營，故意置蜀軍於險境，這又使曹操產生了新的疑惑，不知諸葛亮又將使什麼詭計。

因爲曹操深知「諸葛一生唯謹慎」，認爲他如果不是勝券在握，是絕不會走此險棋的。諸葛亮正是看中曹操這種心理，偏走此險棋來疑他、驚他，曹操在驚疑中，爲了探聽蜀軍虛實，下戰書與劉備約定來日決戰。

戰鬥剛開始，蜀軍便佯敗後退！往漢水邊逃去，而且多將軍器馬匹棄於道路兩旁。曹操見此，急令鳴金收兵。手下的將領疑惑地問曹操：「爲何不乘勝追擊，反令收兵？」

曹操說：「看到蜀兵背水紮寨，我原本就有懷疑，現在蜀兵剛交戰就敗走，而且一路丟下許多軍器馬匹，更說明是孔明的詭計，必須火速退兵，以防上當。」然而，正當曹兵開始掉頭後撤時，孔明卻舉起了號旗，揮指蜀兵返身向曹兵衝殺過來，致使曹兵大潰而逃，損失慘重。

曹操性格多疑，雖然善於用兵，但用兵之時，疑則多敗。看來，諸葛亮是把曹操看透了，因此用計設險局、臨陣佯敗、「打草驚蛇」置曹操於疑惑、驚恐之中，再次巧妙地擊潰了曹兵。

打草驚蛇請喬玄　將計就計娶郡主

三國演義中有句俗語：周郎妙計安天下，賠了夫人又折兵。關於這句話頗有來歷。

諸葛亮幫劉備從東吳手中「借」走了荊州。周瑜爲了討回荊州，費盡了心思。後來聽說劉備死了夫人，便心生一計。以入贅爲名，招劉備來江東，然後以劉備爲質，討回荊州。孫權聞聽，心中暗喜，便派呂範前往荊州說媒。

呂範到了荊州，對劉備說：「聽說皇叔剛剛喪偶，現有一門好親事，故不避嫌，特來作媒。」劉備推辭，呂範說：「男人無妻，如屋無樑，豈可中道而廢人倫？我主吳侯有一妹，美且賢，願意侍奉皇叔。若兩家能結秦、晉之好，曹操必不敢正視東南。此事家國兩便，請皇叔不要猜疑。但我家國太吳夫人深愛女兒，不允遠嫁，務必請皇叔到東吳完婚。」劉備設宴款待呂範，到晚上與諸葛亮商議。

諸葛亮叫劉備答應呂範往東吳完婚，然後派趙雲保護劉備。臨行賜給趙雲三條錦囊妙計。

建安十四年冬十月，劉備與趙雲、孫乾帶五百餘人，乘坐十條快船，離了荊州，前往東吳。船剛一靠岸，趙雲依諸葛亮的第一條妙計行事：教劉備先去拜見喬國老。

喬國老是江東二喬之父，居於南徐。玄德牽羊奉酒，前往拜見，述說呂範爲媒，娶孫權妹之事。另外，令隨行五百軍士全都披紅掛彩，進城買辦對象，並大肆宣揚劉備要入贅東吳，使城中人盡知此事。

劉備辭別喬國老後，喬國老就去給吳國太賀喜。國太說：「有何喜事？」喬國老說：「令愛已許劉玄德爲夫人，今玄德已到，何故相瞞？」國太大驚，便派人請孫權要問清究竟，一面又派人在城中打聽。派的人都回報說：確有此事，劉備已在館驛歇息，很多隨行軍士都在城中買辦物品，準備成親。

孫權聽說國太傳喚，不知何事，入後堂見母親。國太捶胸大哭。孫權說：「母親爲什麼啼哭？」國太說：「男大當婚，女大當嫁，乃人之常理。我爲你母親，你招劉備爲妹婿，爲什麼瞞我？」孫權吃了一驚，問道：「這話如何說起？」國太說：「滿城百姓，哪一個不知道？你還在瞞我！」喬國老說：「老夫已知多時了，現今特來道喜。」孫權說：「這不是眞的，是周瑜的計策：以成婚爲名，賺劉備來東吳，然後扣爲人質，用他換回荊州。」國太聽完大怒，罵周瑜說：「你做六郡八十一州大都督，沒有一條計策取荊州，卻用我女兒來使美人計！如果殺了劉備，我女兒便是望門寡，以後再怎麼出嫁？」孫權默默無語。

國太仍舊不住口地罵周瑜，喬國老勸道：「事已至此，劉備是漢室宗親，不如眞的招他爲婿，免得出醜。」孫權說：「恐怕年紀不相當。」喬國老說：「劉備是當世英雄，如招爲夫婿，也辱沒不了郡主。」國太說：「我沒有見過劉備，明日約他在甘露寺見面，如不中我意，任從你們行事；如中我的意，便把女兒嫁給他！」孫權是大孝之人，只得聽從國太。

第二天，國太在甘露寺見到劉備，大喜，認爲劉備有龍鳳之姿，於是讓女兒與劉備完婚。趙雲依照諸葛亮的錦囊妙計，劉備帶著夫人，安全地離開了江東。

諸葛亮的第一條妙計，就是「打草驚蛇」。劉備手下人在城裡大肆張揚，並拜見喬國老，這些都謂之「打草」，驚動了吳國太，孫權無法應付母親，又受不得輿論的壓力，只得將妹妹嫁給劉備，此之謂「驚蛇」。

第十四計：借屍還魂

【原文】

有用者，不可借；不能用者，求借。借不能用者而用之，匪我求童蒙，童蒙求我。

【譯文】

有作爲的，不向別人求助；無所作爲的，愛向別人求助。利用無所作爲的並順勢控制它，不是我受別人支配，而是我支配別人。

【計名探源】

借屍還魂，原意是說已經死亡的東西，又借助某種形式得以復活。用在軍事上，是指利用、支配那些沒有作爲的勢力，來達到我方目的的策略。

戰爭中往往有這類情況，對雙方都有用的勢力，往往難以駕馭，很難加以利用。而沒有什麼作爲的勢力，往往要尋求靠山。這個時候，利用和控制這部分勢力，往往可以達到取勝的目的。

秦朝施行暴政，天下百姓「欲爲亂者，十室有五」。大家都有反秦的願望，但是如果沒有強有力的領導者和組織者，也就難成大事。

秦二世元年，陳勝、吳廣被徵發到漁陽戍邊。當這些戍卒走到大澤鄉時，連降大雨，道路被水淹沒，眼看無法按時到達漁陽了。

秦朝法律規定，凡是不能按時到達指定地點的戍卒，一律處斬。陳勝、吳廣知道，即使到達漁陽，也會誤期被殺，不如一拚，尋求一條活路。他們知道同去的戍卒也都有這種思想，正是舉兵起義的大好時機。

陳勝又想到，自己地位低下，恐怕沒有號召力。當時有兩位名人深受人民尊敬：一個是秦始皇的大兒子扶蘇，仁厚賢明，已被陰險狠毒的秦二世暗中殺害，老百姓卻不知情；另一個是楚將項燕，功勳卓著，愛護將士，威望極高，在秦滅六國之後不知去向。

於是陳勝公開打出他們的旗號，以期能夠得到大家的擁護。他們還利用當時人們的迷信心理，巧妙地做了其他安排。

有一天，士兵做飯時，在魚腹中發現一塊絲帛，上寫「陳勝王」（這個王字是稱王的意思），士兵大驚，暗中傳開。

吳廣又趁夜深人靜之時，在曠野荒廟中學狐狸叫，士兵們還隱隱約約地聽到空中有「大楚興，陳勝王」的叫聲。他們以爲陳勝不是一般的人，肯定是承「天意」來領導大家的。

陳勝、吳廣見時機已到，率領戍卒殺死朝廷派來的將尉。陳勝登高一呼，揭竿而起。他說：我們反正活不成了，不如和他們拼個你死我活，就是死，也要死出個樣兒來。

於是，陳勝自號爲將軍，吳廣爲都尉，攻占大澤鄉。後來，部下擁立陳勝爲王，國號「張楚」。

借屍還魂孔明計　聞風喪膽魏將驚

諸葛亮隆中三分天下，劉備三顧茅廬，請出了諸葛亮。諸葛亮出山後，幫助劉備得荊州取西川，成就了王霸之業。後又輔佐劉禪統兵伐魏，六出祁山未果，病在五丈原。諸葛亮知道自己將不久於人世，將自己平生所學傳授給姜維。

這一天，諸葛亮強支病體，令左右扶上小車，最後一次出寨遍觀各營，不覺秋風吹面，徹骨生寒，發出了「悠悠蒼天，曷此其極！」的歎息。

回到帳中，病事更加沈重，於是向眾人一一囑託後事。囑事完畢，又吩咐楊儀道：「我死之後，不可發喪。可做一大龕，將我屍體坐於龕中，以米七粒放我口內，腳下用明燈一盞。軍中安靜如常，切勿舉哀，司馬懿必然驚疑，不敢劫營。可令後軍先退，然後一營一營緩緩而退。若司馬懿來追，可布成陣勢，回旗返鼓。等他來到，將我先時所雕木像安於車上，推至軍前，令大小將士分列左右。司馬懿見之必然大驚而走。」楊儀一一領諾。

蜀漢建興十二年秋八月二十三日，漢丞相諸葛亮病死軍中，終年五十四歲。姜維、楊儀遵諸葛亮遺命，不敢舉哀，依法成殮，安置龕中，令心腹將卒三百人守護。隨傳密令，使魏延斷後，各處營寨一一退去。

司馬懿知道諸葛亮病勢沈重，令夏侯霸帶領幾十名親兵前往五丈原山打探消息。

夏侯霸引軍到五丈原看時，不見一人，急回報司馬懿：「蜀兵已盡退矣。」

司馬懿頓足道：「諸葛亮已死！可速追之！」

夏侯霸勸道：「都督不可輕追。當令偏將先往。」

司馬懿卻說：「此次須我親自追趕。」於是帶著司馬師、司馬昭一齊殺奔五丈原來，當殺入蜀寨時，空無一人。

司馬懿對司馬師、司馬昭說：「你二人急催兵趕來，我先引軍前進。」司馬師、司馬昭在後催軍，司馬懿自引軍當先，追到山腳下，望見蜀兵不遠，更加奮力追趕。

忽然山後一聲炮響，喊聲大震，只見蜀兵俱回旗返鼓，樹影中飄出中軍大旗，上書一行大字：「漢丞相武鄉侯諸葛亮」。司馬懿大驚失色，定睛看時，只見中軍數十員上將，擁出一輛四輪車來，車上端坐孔明：綸巾羽扇，鶴氅皂絛。

司馬懿大驚道：「諸葛亮尚在！我輕入重地，中其計矣！」回馬便走。背後姜維大叫：「司馬懿休走！你中我家丞相之計了！」魏兵魂飛魄散，棄甲丟盔，拋戈撇戟，各逃性命，自相踐踏，死者無數。

司馬懿奔走了五十餘里，背後兩員魏將趕上，扯住馬嚼環叫道：「都督勿驚。」

司馬懿用手摸頭說：「我還有頭否？」

二將道：「都督莫怕，蜀兵去遠了。」司馬懿喘息半晌，神色方定。睜目視之，是夏侯霸、夏侯惠二人。於是與二將尋小路奔歸本寨，派眾將引兵四散打探。

過了兩日，司馬懿從鄉民處得到了確切消息：「蜀兵退入谷中時，哀聲震地，軍中揚起白旗，諸葛亮果然死了，只留姜維引一千兵斷後。前日車上之孔明，是木人。」司馬懿歎道：「我能料其生，不能料其死也！」司馬懿知孔明死信已確，再次引兵追趕。行到赤岸坡，見蜀兵已去遠，於是引兵而還，對眾將說：「諸葛亮已死，我等皆高枕無憂啦！」遂班師回長安去了。

諸葛亮用借屍還魂之計嚇退司馬懿，使蜀軍全身而退。

兄逼弟七步賦詩　君害臣借屍還魂

建安二十五年春正月，曹操逝世，死前傳遺命曹丕爲世子。然後發喪，令諸子前來奔喪。命令傳到臨淄，臨淄侯曹植竟不來奔喪，曹丕派使者前往臨淄問罪。

不一日，使者回報，說：「臨淄侯每日與丁儀、丁廙兄弟二人酣飲，悖慢無禮，聞使命至，臨淄侯端坐不動；丁儀罵道：『昔日先王本欲立我家主人爲世子，被讒臣所阻；現今先王喪事未完，便問罪於骨肉，這是爲何？』

丁廙又說：『我家主人聰明冠世，應當承嗣王位，現今卻沒得到王位。那些廟堂之臣，都不識人才！』曹植因此命武士將使者亂棒打出。」

使者回報曹丕，曹丕聽完大怒，即令許褚領虎衛軍三千，火速至臨淄將曹植等一干人擒來。曹丕殺掉丁氏兄弟，要處置曹植。曹丕之母卞氏，聽得曹植被擒，其同黨丁儀等已被殺，非常擔心。急忙出殿，召曹丕相見。

曹丕見母親出殿，忙來拜謁。卞氏哭著對曹丕說：「你弟弟曹植平生嗜酒疏狂，都是因自恃才高，故爾放縱。你可念同胞之情，留下他的性命。我死後在九泉下也瞑目了。」

曹丕答道：「兒也深愛三弟之才，怎能害他？現今要勸他改一改性格，母親勿憂。」

卞氏灑淚入後堂，曹丕出偏殿，召曹植入見。

華歆問道：「剛才莫非太后勸殿下勿殺子建？」

曹丕回答：「正是。」

華歆道：「子建懷才抱智，終非池中物；若不早除，必爲後患。」

曹丕道：「母命不可違。」

華歆獻計道：「人都說子建出口成章，臣未深信。主公可召其入內，以才試之。若不能，馬上殺之；若果能，則貶之，以絕天下文人之口。」曹丕應允。

一會兒，曹植入見，惶恐伏拜請罪。曹丕道：「我與你雖是兄弟，又屬君臣，你怎敢恃才蔑禮？昔日父王在世時，你常以文章顯示於人，我懷疑你必用他人代筆。我今限你行七步吟詩一首。若果能，則免一死；若不能，則從重治罪，絕不姑恕！」

曹植道：「請出題目。」

當時殿上懸一水墨畫，畫著兩隻牛，在土牆之下相鬥，一牛墜井而亡。曹丕指畫說道：「即以此畫爲題。詩中不許犯著二牛鬥牆下，一牛墜井死字樣。」

曹植行七步，其詩已成。詩曰：

兩肉齊道行，頭上帶凹骨。
相遇塊山下，欻起相搪突。
二敵不俱剛，一肉臥土窟。
非是力不如，盛氣不泄畢。

曹丕及群臣皆驚。

曹丕又道：「七步成章，我認爲還是遲了。你能應聲而作詩一首否？」

曹植道：「請馬上命題。」

曹丕說：「我與你是兄弟。以此爲題。但不許犯著『兄弟』字樣。」

曹植不加思索，即口占一絕：

煮豆燃豆萁，豆在釜中泣。
本是同根生，相煎何太急！

曹丕聽完，潸然淚下。其母卞氏也從殿後出來說道：「兄逼弟爲何太急？」

曹丕慌忙離座答道：「國法不可廢。」於是貶曹植爲安鄉侯。曹植拜辭而去。

曹丕本想找個冠冕堂皇的理由殺掉曹植，這叫借屍還魂之計。怎奈曹植的確才高，卻給巧妙的化解了，用兩首詩換回了一條性命。

第十五計：調虎離山

【原文】

待天以困之，用人以誘之，往蹇來返。

【譯文】

等待自然條件對敵人不利時再去圍困敵人，用人爲的假像去誘惑敵人，向前進攻有危險，那就想辦法讓敵人反過來攻我。

【計名探源】

調虎離山，此計用在軍事上，是一種調動敵人的謀略。它的核心在一「調」字。虎，指敵方。山，指敵方占據的有利地勢。如果敵方占據了有利地勢，並且兵力眾多，防範嚴密，此時，我方不可硬攻。正確的方法是設計誘敵，把敵人引出堅固的據點，或者把敵人誘入對我軍有利的地區，這樣做才可以取勝。

孫策調虎取盧江　劉勳離山丟老巢

東漢末年，軍閥並起，各霸一方。孫堅之子孫策，年僅十七歲，年少有爲，繼承父志，勢力逐漸強大。

西元一九九年，孫策欲向北推進，準備奪取江北盧江郡。盧江郡南有長江之險，北有淮水阻隔，易守難攻。占據盧江的軍閥劉勳勢力強大，野心勃勃。孫策知道，如果硬攻，取勝的機會很小。他和眾將商議，定出了一條調虎離山的妙計。

針對軍閥劉勳極其貪財的弱點，孫策派人給劉勳送去一份厚禮，並在信中把劉勳大肆吹捧了一番。信中說劉勳功名遠播，令人仰慕，並表示要與劉勳交好。孫策還以弱者的身分向劉勳求救。他說，上繚經常派兵侵擾我們，我們力量薄弱，不能遠征，請求將軍發兵降服上繚，我們感激不盡。劉勳見孫策極力討好他，萬分得意。

上繚一帶，十分富庶，劉勳早想奪取，今見孫策軟弱無能，免去了後顧之憂，決定發兵上繚。部將劉曄極力勸阻，劉勳哪裡聽得進去？他已經被孫策的厚禮、甜言迷惑住了。

孫策時刻監視劉勳的行動，見劉勳親自率領幾萬兵馬去攻上繚，城內空虛，心中大喜，說：「老虎已被我調出山了，我們趕快去占據它的老窩吧！」於是立即率領人馬，水陸並進，襲擊盧江，幾乎沒遇到頑強的抵抗，就十分順利地控制了盧江。

劉勳猛攻上繚，一直不能取勝。突然得報，孫策已取盧江，情知中了調虎離山之計，後悔已經來不及了，只得灰溜溜地投奔曹操。

出祁山諸葛亮調虎　上方谷司馬氏中計

蜀後主建興一二年（西元二三四年），諸葛亮領兵三十四萬伐魏，以姜維、魏延為先鋒，分五路進軍，六出祁山。

魏明帝曹睿聞報，命司馬懿爲大都督，凡將士量才委用，各處兵馬皆聽調遣，領兵四十萬至渭水之濱迎戰。

曹睿仍不放心，又手詔賜司馬懿曰：卿到渭濱，宜堅壁固守，勿與交鋒。蜀兵不得志，必詐退誘敵，卿愼勿追。待彼糧盡，必將自走，然後乘虛攻之，則取勝不難，亦免軍馬疲勞之苦。計莫善於此也。

諸葛亮與司馬懿是沙場老對手，雙方都知道對方兵法嫺熟，足智多謀，不好對付。所以戰前各自都做了周密部署，嚴陣以待。

諸葛亮在祁山選擇有利地形，分設左、右、前、後、中五個大營，並從斜谷到劍閣一線接連紮下十四個大營，分屯軍馬，前後接應，以防不測。

司馬懿則屯大軍於渭水之北，同時在水上架起九座浮橋，命先鋒夏侯霸、夏侯威領兵五萬，渡河至渭水南岸紮營，又在大營後方的東原築城駐軍，進可攻、退可守，穩紮穩打，務使魏軍立於不敗之地。

雙方經過兩次規模不大的交鋒，互有勝負。司馬懿決定以攻爲守，並且，在離開許都時，魏王有詔書在先，要求司馬懿與蜀軍打持久戰。所以魏軍便深溝高壘，堅守不出。

由於蜀軍勞師遠來，糧草供應頗爲困難，因而利於速戰；而魏軍以逸待勞，利於堅守。

因而諸葛亮的主要策略，就是要誘敵出戰，調虎離山，速戰速決。然而司馬懿老謀深算，素以沈著、謹慎、穩重著稱，加上有魏明帝臨行手詔，也不必擔心那些急於求功的部將鼓譟進攻。

在這種情況下，要調動司馬懿這隻「老虎」離山，談何容易！原來廖化在追殺司馬懿時，得了司馬懿的頭盔，諸葛亮便派魏延拿著司馬懿頭盔前來討戰。魏軍將士皆怒，俱欲出戰。

司馬懿卻笑著說：「聖人云：『小不忍則亂大謀。』請勿出戰，堅守爲上。」可是，再狡猾的狐狸也鬥不過獵手。

司馬懿這隻善於謀略、經驗豐富的「深山之虎」，最終被諸葛亮調出來了，還險些丟了性命。那麼，諸葛亮究竟使了什麼樣的招數，使司馬懿這隻「深山之虎」出山的呢？

諸葛亮深知，蜀軍此次遠征的弱點是遠離後方，糧草供應困難。同時，他也深知司馬懿正是看準了自己這一弱點，並在這一弱點作文章，設法使蜀軍斷糧自亂，然後趁機取勝。

於是，諸葛亮決定將計就計，也在糧草供應上作文章、設誘餌，引司馬懿這隻「虎」離山。

首先，諸葛亮分兵屯田，與當地老百姓結合耕種，就地生產糧食，以供軍需，擺出一副打持久戰的姿態。這就等於告訴司馬懿：你不急，我也不急；若是我不急，看你急不急。果然，司馬懿的長子司馬師沈不住氣了，對其父司馬懿說：「現在蜀兵以屯田作持久戰的打算，如此下去，如何是好？何不與蜀軍大戰一場，以決勝負！」

司馬懿卻說：「我等奉旨堅守，不可妄動。」司馬懿口頭上這麼說，其實心裡比誰都著急。

其次，諸葛亮自繪圖樣，令工匠造木牛流馬，長途運糧，據《三國演義》上說，這東西很好使，「宛如活者一般，上山下嶺，各盡其便。」蜀營糧草由木牛流馬源源不斷從劍閣運抵祁山大寨。

司馬懿聞報大驚，說道：「吾所以堅守不出者，爲彼糧草不能接濟，欲待其自斃耳。今用此法，必爲久遠之計，不思退矣。如之奈何？」此時司馬懿已經暴露出破壞蜀軍屯田、運糧、屯糧計畫的心情。

第三，諸葛亮開始了他的第三步計畫，引司馬懿上鉤。具體辦法是：

一方面在營外造木柵，營內挖深坑，堆乾柴，在營外周圍的山上虛搭窩鋪草，營造成蜀兵分散結營，與百姓共同墾田屯糧，而大營空虛的假像，以此引誘魏軍前來劫營。

另一方面，在上方谷內兩邊的山坡上，虛置許多屯糧草屋，內設伏兵，同時讓軍士驅動木牛流馬，僞裝往來谷口運糧。而諸葛亮自己則離開大營，引一支軍馬在上方谷附近安營，以引誘司馬懿親領精兵來上方谷燒糧。諸葛亮把這些布置完畢，專等司馬懿這隻老虎前來送死。

司馬懿呢？也沒閒著，正在琢磨蜀軍的動靜。他見諸葛亮如此安排，就想劫燒蜀軍的糧草，雖然心切，卻又極爲謹慎小心，深恐中了諸葛亮調虎離山的詭計。於是便也使了個聲東擊西、調虎離山之計來對付諸葛亮。

司馬懿親領魏兵去劫蜀兵祁山大營。但卻一反過去每戰必讓主攻部隊走在前面的慣例，讓手下的部將領兵前往，直撲蜀營，自己反而在後引援軍接應。

司馬懿這樣做，一是擔心蜀營有準備，怕中了埋伏；二是他指揮魏軍劫蜀軍大營本屬佯攻，目的是調動蜀軍各營主力，甚至諸葛亮本人領軍前來營救，而他卻自領精兵奇襲上方谷，燒掉蜀方的糧草。然而，司馬懿的這個調虎離山計，卻未能騙過諸葛亮。

諸葛亮早料到司馬懿這一招。因而當魏軍直撲蜀軍大營時，諸葛亮只是事先安排蜀軍四處奔走吶喊，故作聲勢，裝做各路兵馬都齊來援救的態勢，而諸葛亮卻趁司馬懿這隻「虎」已離山之機，另派精兵去奪了渭水南岸的魏營，而自己卻在上方谷等待司馬懿來「燒糧」，以便「甕中捉鱉」。

司馬懿父子果然中計，見四處蜀軍都急急忙忙奔回大營救援，便趁機率親兵殺奔上方谷來。蜀將魏延依諸葛亮的安排，用詐敗的方法將司馬懿父子誘進谷中，諸葛亮早有安排，早已派兵截斷谷口。

一聲令下，山谷兩旁火箭齊發，地雷突起，草房內乾柴全都著火，烈焰沖天。

司馬懿驚得手足無措，下馬抱著二子，大哭曰：「想不到我父子三人皆死於此處！」司馬氏父子眼看就將葬身火海，忽然狂風大作，黑雲瀰漫，一場傾盆大雨澆滅了大火，救了司馬氏父子的性命。

司馬懿原本拿定了深溝高壘、堅守不出的策略，結果卻仍被諸葛亮調下了山。他原想用「調有人」。

看來兩軍對壘，不光是軍事實力的較量，更是心機與意志力的較量。眞是「計中有計，人外虎離山」之計燒掉蜀軍的糧草，想不到卻反而中了諸葛亮的「調虎離山」之計，還險些喪命。

下邳城調虎離山　屯土山關公降曹

老虎在深山中很難制服，不如將其引誘出來，再設法擒之。關羽在三國演義中是隻虎，曹操想要收服他，便採用了調虎離山的計策。

劉備與馬騰、董承、王子服等人共同謀殺曹操，不料事泄。劉備被曹操殺得大敗，隻身投奔袁紹，張飛不知去向，關羽保著劉備的家小困守下邳。

曹操急喚眾謀士議取下邳。荀彧說：「雲長保護劉備妻小，死守此城。若不速取。恐爲袁紹所竊。」曹操說：「吾素愛雲長武藝人材，欲收爲己用，不如派人說之使其來降。」

郭嘉說：「雲長義氣深重，必不肯降。若使人說之，恐被其害。」

這時，帳下大將張遼說道：「我與關羽有一面之交，願往說之來降。」

程昱說：「文遠雖與雲長有舊，我觀雲長非言詞可以說服。我有一計，使雲長進退無路，然後派文遠說服，定能歸降丞相。」

曹操忙問何計，程昱說：「雲長有萬夫不當之勇，非智謀不能取之。現今可派劉備手下投降之兵，入下邳城見關羽，只說是逃回的，伏於城中做內應。另派人引關羽出戰，詐敗佯輸，誘入他處，以精兵截其歸路，然後再說其歸降。」曹操大喜，即令徐州降兵數十，去下邳城投奔關羽。關羽以為舊兵，留而不疑。

次日，曹操派夏侯惇為先鋒，領兵五千來挑戰。關羽不出戰，夏侯惇派人於城下辱罵。關羽大怒，引三千人馬出城與夏侯惇交戰。約戰十餘合，不分勝負，夏侯惇撥馬回走。關羽趕來，夏侯惇且戰且走，關羽追趕約二十里，恐下邳有失，提兵便回。只聽得一聲炮響，左有徐晃，右有許褚，兩支人馬截住去路，關公奪路而走，兩邊伏兵排下硬弩，箭如飛蝗。關公不得過，勒兵再回，徐晃、許褚接住交戰。

關公奮力殺退二人，引軍欲回下邳，夏侯惇又截住廝殺。關羽戰至傍晚，無路可歸，只得到一座土山，引兵屯於山頭，權且少歇。

曹兵團團將土山圍住。關公於山上遙望下邳城中火光沖天，原來，曹操已取了下邳，只教士兵舉火以惑關羽之心。關羽見下邳火起，心中驚惶，連夜幾番衝下山來，皆被亂箭射回。其實這就是程昱的調虎離山之計，此時關羽情知中計，卻也無奈。捱到天亮，再欲整頓下山衝突，忽見一人拍馬上山來，原來是張遼。

張遼上山來勸關羽投降曹操，關羽寧死不降，張遼曉以利害，關羽約三誓：

第一，關羽只降漢帝，不降曹操；

第二，請曹操給劉備二位夫人俸祿養贍，一應上下人等，不許到門騷擾；

第三，一旦知道劉備去向，不論何處，便當辭去。

張遼回見曹操，說明關羽降曹之事，曹操權衡一番，然後應允。於是關羽投降了曹操。

曹操在逼降關羽這件事上，成功地運用了調虎離山之計，他知道關羽是隻老虎，單打獨鬥，不是對手，所以採用程昱之計先引「老虎」出城，然後將其引誘到絕地，再用車輪戰勞其心神，用重兵截斷其歸路，迫其就範。

現實中這種事很多，正面硬拚不行，不如用此計策，畢竟用力服人，不如以智服人。

第十六計：欲擒故縱

【原文】

逼則反兵，走則減勢。緊隨勿迫，累其氣力，消其鬥志，散而後擒，兵不血刃。「需，有孚，光。」

【譯文】

如果把敵人逼得太緊，它就會拚命反撲。讓敵人逃跑，則可以消滅它的氣勢。對逃跑之敵要緊緊跟隨，但不能過於逼迫，藉以消耗其體力，瓦解其鬥志。等到敵人士氣低落、軍心渙散時，再去捕獲它，這樣就會避免不必要的流血犧牲。

總之，不進逼敵人，並讓其相信這一點，就能贏得戰爭的勝利。

【計名探源】

「欲擒故縱」中的「擒」和「縱」是一對衝突，在軍事上，「擒」是目的，「縱」是方法。古人有「窮寇莫追」的說法，實際上不是不追，而是看怎樣去追。把敵人逼急了，它只得竭盡全力，拚命反撲。不如暫時放鬆一步，使敵人喪失警惕，鬥志鬆懈，然後再伺機而動，殲滅敵人。

欲擒孟獲先須縱　七擒七縱歸蜀漢

西元二二五年（蜀後主建興三年），南蠻王孟獲起兵十萬反蜀，聲勢甚大。蜀丞相諸葛亮奉旨起兵五十萬南征。

在智破三郡叛軍之後，大軍繼續向瀘水（川滇邊境）挺進。適逢馬謖奉後主之命前來犒賞三軍。諸葛亮久聞馬謖才智超群，便虛心問計。

馬謖曰：「屬下有幾句話要說，希望丞相能聽我一言。南蠻所依仗的是這裡的地遠山險，心生二心很久了。雖然今天打敗他們，等到我大軍一撤，他們還會反叛。丞相大軍到這裡，必然很快平定叛亂；但班師之後，還要北伐曹魏；蠻兵若知國內空虛，會再次反叛。夫用兵之道，攻心為上，攻城為下；心戰為上，兵戰為下。希望丞相攻心為上，攻城為下，使其心悅誠服。」諸葛亮很贊同馬謖的見解，決定心服孟獲。

第一次兩軍對陣，孟獲戰敗，被蜀將魏延活捉。諸葛亮問他是否心服？孟獲說：「山僻路狹，誤遭埋伏，如何肯服？你若放我回去，整軍再戰，若再被擒，我便肯服。」諸葛亮當即下令放了他，並給他衣服、鞍馬、酒食，派人送他上路。

第二次諸葛亮派馬岱夜渡瀘水，斷了蠻軍糧道，孟獲被部將董荼那、阿會喃等縛送蜀營。諸葛亮對孟獲說：「你前次說，若再被擒，便肯降服。今日如何？」孟獲說：「這次是我手下人反叛，以至如此，如何肯服？」諸葛亮又將他放了，並領他參觀蜀軍大寨。親自送至瀘水邊，派船將其送回。

孟獲第二次被放回後，首先將部將董荼那、阿會喃殺了，然後與其弟孟優商議以假降方式夜襲蜀營，孟優引百餘蠻兵，搬載金珠、寶貝、象牙、犀角之類，渡過瀘水，逕投蜀軍大寨而來。

諸葛亮聞報，很快識破蠻兵詭計，決定將計就計再擒孟獲。於是，吩咐趙雲、魏延、王平、馬忠等依計而行，各人領命而去，諸葛亮方才召孟優進帳，然後設酒款待。

孟獲在帳中聽候消息，忽然有了消息，去的人回來稟報：「諸葛亮收了禮物大喜，將隨行之人皆喚入帳中，殺牛宰羊，設宴款待。二王（孟優）命我回話，今夜二更，裡應外合，可成大事。」

孟獲哪裡知道，孟優已被諸葛亮控制，興匆匆領兵前來，又中諸葛亮之計，第三次被活捉。但孟獲仍然不服，他說：「這是因爲我弟弟貪杯，誤吃了你們的毒酒，並非我沒有能耐，如何肯服？如果你放我兄弟回去，我們收拾兵馬和你大戰一場，若再被擒，方肯死心塌地歸降。」諸葛亮第三次又將他放了。

孟獲忿忿回歸本營，派人帶上金銀珠寶，往八番三十甸各部落借得精健蠻兵數十萬，一路殺氣騰騰來戰蜀軍。

諸葛亮避其鋒芒，領軍退至西洱河北岸紮營，然後派精兵暗渡西洱河南岸，抄了蠻軍後路，第四次將孟獲活捉。

諸葛亮怒斥孟獲：「這次又被我擒了，還有何話可說？」

孟獲說：「我誤中詭計，死不瞑目。」諸葛亮聲言要斬，孟獲全無懼色，要求再戰，諸葛亮只得第四次又將他放了。

孟獲回去後，又聚集數千蠻兵躲入了禿龍洞，與該洞洞主朵思憑藉險山惡水，據守不出。孔明走訪當地老人，尋得解毒甘泉和可闢瘴氣的薤葉芸香，避過毒泉惡瘴，引軍由險徑直取禿龍洞，二十一洞主楊鋒感念諸葛亮活命之恩，略施小計擒住孟獲、孟優、朵思等人獻予諸葛亮。

諸葛亮見到孟獲，笑曰：「你今番又被我擒住，還有什麼話說？」

孟獲曰：「這並不是你的能耐，而是我洞中之人自相殘殺，才被你捉住，要殺便殺，只是不服。」

諸葛亮曰：「你因何不服？前者你賺我軍進入無水之地，更以啞泉、滅泉、黑泉、柔泉加害，我軍無恙，這不是天意嗎？你如何還執迷不悟？」

孟獲仍不服，並說：「我祖居銀坑山，有三江之險，重關之固，你若能到那裡擒我，我便子子孫孫，傾心服事。」諸葛亮只得第五次又將他和孟優、朵思等人放了。

孟獲連夜奔回銀坑山老巢，又請來八納洞洞主木鹿驅三萬獸兵助戰。

諸葛亮破了孟獲之妻祝融夫人的飛刀，布假獸戰勝木鹿的獸兵，識破孟獲妻弟帶來洞主假縛孟獲夫妻獻降詭計，第六次生擒孟獲。但孟獲說，這次是我等自來送死，不是你們的本領，如第七次被擒，則傾心歸服，誓不再反。

孟獲回洞後，採納妻弟帶來洞主的建議，從烏戈國請來三萬刀箭不入、渡水不沈的藤甲兵，屯於桃花渡口。諸葛亮設疑兵，一步一步地將藤甲兵誘入預伏乾柴、火藥、地雷的盤蛇谷，堵住前後谷口，縱烈火將烏戈國的三萬藤甲兵燒了，第七次生擒孟獲。

諸葛亮令人設酒食招待孟獲夫婦及其宗室，叫孟獲回去再招人馬來決戰。

這一次，孟獲卻不走了。並說：「七擒七縱，自古未有。我等雖然是化外之人，也懂得禮義，難道就如此沒有羞恥麼？」於是領各洞蠻民誠心歸順。

諸葛亮命孟獲繼續爲蠻王，所奪之地盡皆退還，蜀軍班師，孟獲親自送諸葛亮渡過瀘水。後來孟獲仕蜀，官至御史中丞。終蜀之世，蠻方一直太平無事。

諸葛亮七擒七縱，「縱」的是孟獲其人，而最終「擒」得的是蠻王及蠻方百姓的心。精誠所至，金石爲開。從此蜀國南方無憂，諸葛亮可全心致力於伐魏了。

用現代觀點看，諸葛亮是個合格的領導，能夠妥善處理民族問題，這在兩千多年前的三國時代，的確有著積極進步意義。

欲擒故縱斬叛賊　才節雙全贊徐氏

三國演義中描寫女性的地方不多，濃墨重彩寫了貂嬋、孫尚香，作者又著意刻畫了一位有勇有謀的徐氏。

孫權的弟弟孫翊，爲丹陽太守。孫翊性情剛烈且好飲酒，酒醉後常常鞭打士卒。丹陽督將嬀覽、郡丞戴員二人，心懷不軌，常有殺孫翊之心。

於是，他們跟孫翊的貼身侍衛邊洪相互勾結、結爲死黨，一同謀劃要殺死孫翊。

不久，丹陽眾將和縣令齊聚丹陽郡，孫翊設宴相待。孫翊的妻子徐氏美豔聰慧，而且善於卜《易》。

當天徐氏卜了一卦，卦象爲大凶。她覺得不祥，便勸孫翊不要出去會客。孫翊不聽，於是前去大會賓客，與諸將眾縣令飲宴到夜晚方才席散，邊洪帶刀跟出門外，當即抽刀殺死了孫翊。

事後，嬀覽、戴員把殺孫翊之罪皆歸於邊洪，並把邊洪殺死在集市上。

嬀覽、戴員二人趁機掠奪了孫翊的財產和侍妾，嬀覽見徐氏貌美，就想霸占她，並對徐氏說：「我爲你丈夫報了仇，你應當依從我；如果不依從，就休想活命。」

徐氏說：「我丈夫剛剛去世，不忍心相從，等到祭日，設物祭祀除去孝服，然後與將軍成親不遲。」嬀覽很高興，答應了。

徐氏答應嬀覽，只是權宜之計，她要設計殺掉嬀、戴二人。她祕密地召孫翊心腹舊將孫高和傅嬰二人入府，哭泣著對二人說：「先夫在世的時候，常說二位忠義。現在嬀覽、戴員二人設計謀害了我丈夫，把罪名推給邊洪，還瓜分了我家的資財和奴婢。嬀覽又想強占妾身，我已假意應允，用來穩住他。兩位將軍可星夜派人給吳侯送信，同時再設密計捕殺二賊，也好報這深仇大辱，我生死都會感念兩位將軍的大恩！」說完又拜。

孫高、傅嬰二人全都哭著說：「我們感激府君平日的知遇之恩，今天之所以不立即赴死，就是想著爲府君報仇。夫人有所命令，我等定當以死效力！」於是孫、傅二人密派心腹使者星夜向孫權報告。

到了祭日，徐氏叫孫、傅二人埋伏在密室的幃幕之中，然後在堂上祭奠。祭奠已畢，徐氏立即除去孝服、沐浴薰香，濃汝豔抹，談笑自如。嬀覽聽說後十分高興。到了夜晚，徐氏吩咐婢女請嬀覽入府。徐氏在堂上設宴爲嬀覽敬酒。嬀覽酒醉後，徐氏便請嬀覽入密室。嬀覽大喜，乘醉而入。此時，徐氏大呼道：「孫、傅二將軍何在？」二人立即從幃幕中持刀躍出。嬀覽措手不及，被傅嬰一刀砍倒在地，孫高再補一刀，嬀覽當時斃命。徐氏又傳請戴員赴宴。戴員進府，走到堂中，也被孫、傅二將所殺。緊跟著又派人誅殺二人家小及其餘黨。徐氏於是又重穿孝服，把嬀覽、戴員二人的首級祭在孫翊的靈前。

沒過一天，孫權親自領兵來到丹陽，見到徐氏已經殺了嬀覽、戴員二賊，封孫高、傅嬰爲牙門將，命其守丹陽，並接走徐氏回家養老。

由此可見，徐氏設計擒賊是經過精心設計的。

第一，她清楚殺死丈夫的兇手是嬀覽、戴員，並表面答應了二賊的無恥要求來穩住二人。

第二，徐氏一面找心腹密謀設計報仇，一面派人火速報與孫權，以求萬全之策。

第三，爲了迷惑二人，她決定各個擊破，先設計殺了嬀覽，又捕殺了戴員，然後再派人誅殺了二賊全家。

徐氏雖爲女流，卻大謀大勇，用欲擒故縱之計爲丈夫報了大仇。這在一切以男權爲主的傳統社會裡，的確讓人欽佩。

第十七計：拋磚引玉

【原文】

類以誘之，擊蒙也。

【譯文】

用非常相似的東西誘惑敵人，趁敵人懵懵懂懂地上當時，再狠狠地打擊他。

【計名探源】

拋磚引玉，出自《傳燈錄》。相傳唐代詩人常建，聽說趙嘏要去遊覽蘇州的靈岩寺。爲了請趙嘏作詩，常建先在廟壁上題寫了兩句，趙嘏見到後，立刻提筆續寫了兩句，而且比前兩句寫得好。後來文人稱常建的這種做法爲「拋磚引玉」。

此計用於軍事，是指先用相類似的事物去迷惑、誘騙敵人，使其懵懂上當，然後趁機擊敗敵人的計謀。「磚」和「玉」，是一種形象的比喻。「磚」，指的是小利，是誘餌；「玉」，指的是作戰的目的，即大的勝利。「拋磚」，是爲了達到目的的手段，「引玉」，才是目的。釣魚需用釣餌，讓魚兒嘗到一點甜頭，它才會上鉤。敵人占了一點便宜，才會誤入圈套，身不由己。

瓦口關張飛拋磚　勝張郃蜀軍得玉

「拋磚引玉」之計用在軍事上，常常會取得意想不到的收穫，三國演義中以智勝人之處頗多。張飛是猛將的典型，但用起智來也頗值得玩味。

曹操聽說蜀兵要攻取漢中，爲了防止漢中失守，急派曹洪、張郃率兵增援漢中地區的夏侯淵。張郃急於立功，率兵向巴西殺奔而來。

蜀中名將張飛正屯兵於巴西，曹操增援漢中之事，早有探馬報到巴西，聽說張郃引兵來了，張飛急喚副將雷銅商議。

雷銅說：「閬中地惡山險，可以埋伏。將軍引兵出戰，我出奇兵相助，一定能擒住張郃。」張飛依計而行，讓雷銅率五千精兵去打埋伏。自己引兵一萬去迎戰張郃，離閬中三十里，與張郃兵相遇。

兩軍擺開，張飛出馬，大戰張郃。張郃後軍忽然喊起：原來望見山背後有蜀兵旗幡，故此擾亂。張郃不敢戀戰，指揮士兵撤退。張飛從後掩殺，前面雷銅又引兵殺出。兩下夾攻，張郃兵大敗。張飛、雷銅連夜追襲，直趕到宕渠山。張郃守住大寨，多置擂木炮石，堅守不戰。

張飛離宕渠十里下寨，次日引兵討戰。張郃在山上飲酒，並不下山。張飛令士兵大罵，張郃並不出戰，張飛只得還營。

第二天，雷銅又去山下挑戰，張郃還不出戰。隔一日，張飛又去挑戰，張郃仍不出戰。張飛令士兵百般辱罵，張郃在山上也派士兵辱罵，張飛無計可施。

相拒五十餘日，張飛想出一計，就在山前紮住大寨，每日飲酒，飲至大醉，坐在山前辱罵。

劉備派人犒軍，見張飛終日飲酒，使者回報劉備。劉備大驚，忙來問諸葛亮。諸葛亮笑著說：「原來如此！軍前恐無好酒，成都佳釀極多，可將五十壇裝作三車，送到軍前讓張將軍痛飲。」

劉備說：「我家三弟本來好飲酒誤事，軍師為何還要送酒給他？」

諸葛亮笑著說：「主公與三將軍做了多年兄弟，還不知其為人？三將軍本性剛強，然入川時，義釋嚴顏，這絕非勇夫所為。現今與張郃相拒五十餘日，酒醉之後，便坐山前辱罵，旁若無人，這並非貪杯，是打敗張郃之計也。」

劉備說：「雖然如此，不可大意。可派魏延相助。」諸葛亮令魏延解酒赴軍前，車上各插黃旗，大書「軍前公用美酒」。

魏延奉了諸葛亮的軍令，解酒到寨中，見張飛，傳說主公賜酒。張飛拜謝完畢，分付魏延、雷銅各引一支人馬，為左右翼，只看軍中紅旗起，便各進兵。張飛命人把酒擺列帳下，令軍士開懷暢飲。

有細作將此事報上山來，張郃親自到山頂觀望，見張飛坐在帳下飲酒，令二小卒於面前相撲為戲。張郃大怒說：「張飛欺我太甚！」傳令今夜下山劫張飛的大寨。

當夜張郃乘著月色微明，引軍從山側而下，逕到張飛寨前。遙望張飛營中燈燭高照，正在帳中飲酒。張郃當先大喊一聲，直殺入中軍。但見張飛端坐不動，張郃縱馬到面前，一槍刺倒，卻是一個草人。急勒馬後退，帳後連珠炮起。一將當先，攔住去路，環眼圓睜，聲如巨雷，原來是眞張飛。

張飛挺矛躍馬，直取張郃。兩將在火光中，戰到三五十合。張郃見山上火起，知被張飛後軍奪了大寨，只得奔瓦口關去了。張飛大獲全勝，報入成都。劉備大喜，方知張飛飲酒是計，要誘張郃下山。

張郃退守瓦口關，三萬軍已折了二萬，心裡十分著急，只得定計，分兩軍去關前山側埋伏，吩咐兩軍說：「我詐敗，張飛必然趕來，你等就截斷他的歸路。」

當日張郃引軍前進，與張飛大戰。張郃詐敗，張飛不趕。張郃又回戰，不數合，又敗走。張飛知是計，收軍回寨，與魏延商議：「張郃用埋伏計，我等何不將計就計？」

魏延問道：「如何用計？」

張飛說：「我明日先引一軍前往，你引精兵隨後出發，等魏軍伏兵一出，你可分兵擊之。用十餘乘車各藏柴草，塞住小路，放火燒之。我乘勢擒住張郃。」魏延領命而行。

第二天，張飛引兵討戰。張郃率兵與張飛交鋒。戰到十個回合，張郃又詐敗，張飛引馬步軍趕來，張郃且戰且走。引張飛過山峪口，張郃將後軍爲前，紮住營，又與張飛大戰，指望兩隊伏兵殺出，來圍困張飛。不想伏兵卻被魏延率兵趕入峪口，用車輛堵住山路，放火燒車，山谷草木皆著，煙火堵住道路，伏兵無法殺出。

張飛只顧率軍衝突，張郃大敗，死命殺開條路，走上瓦口關，收聚敗兵，堅守不出。

張飛和魏延連日攻打瓦口關不下，於是，大軍後退二十里。

張飛、魏延引數十親兵，親自來探路，忽見男女數人，各背小包，於山路上攀附著藤葛而走。

張飛對魏延說：「奪瓦口關，只在這幾個百姓身上。」便吩咐軍士：「不要驚嚇他們，好生將他們喚來。」軍士連忙將這幾個百姓喚到馬前，張飛用好言安慰，並問他們從什麼地方來。

百姓回答說：「我們是漢中居民，今要還鄉。聽說大軍廝殺，堵塞了閬中官道，現今過蒼溪，從梓潼山入漢中還家去。」

張飛問道：「這條路離瓦口關多遠？」

百姓說：「梓潼山小路前面是瓦口關背後。」

張飛大喜，帶百姓入寨贈以酒食，並吩咐魏延：「帶兵在關前攻打，我親自引輕騎出梓潼山攻關後。」便令百姓引路，選輕騎五百，從小路而進。

張郃心中正悶，人報魏延在關下攻打。張郃披掛上馬，未等下山，忽報：「關後四五路火起，不知何處兵馬。」

張郃親自領兵來迎，見是張飛，張郃大驚，急往小路而走。方才逃脫，隨行只有十餘人。

猛將軍拋磚引玉　老義士棄暗投明

張飛在眾人的心目中，一直是一莽撞勇猛的角色，可張飛一旦用起智謀來，卻也有很多可圈可點之處。就其義釋嚴顏之事，足可見其智勇雙全的一面。

劉備得了荊州之後，由諸葛亮帶著關羽、張飛等人把守，劉備帶著軍師龐統去取西川，不料龐統被張任在落鳳坡前亂箭射死。劉備無奈，只得派人請諸葛亮帶兵來取西川。諸葛亮派關羽把守荊州，自己親自統兵入川。

諸葛亮先撥精兵一萬，由張飛率領，取大路殺奔巴州、雒城之西，又撥一支人馬，令趙雲爲先鋒，溯江而上，會於雒城，兩軍先到者爲頭功。諸葛亮隨後引簡雍、蔣琬等起行。

張飛臨行時，諸葛亮囑咐道：「西川豪傑甚多，不可輕敵。一路上戒約三軍，不得擄掠百姓，免失民心，所到之處，並宜存恤，不要隨意鞭撻士卒。望將軍早會雒城，不可有誤。」

張飛欣然領諾，上馬而去。迤邐前行，所到之處，秋毫無犯。逕取漢川路，前至巴郡。探馬回報：「巴郡太守嚴顏，乃蜀中名將，年紀雖高，精力未衰，善開硬弓，使大刀，有萬夫不當之勇。據住城郭，不肯投降。」

張飛率兵離城十里下寨，派人入城送信：「說與老匹夫，早早來降，饒你滿城百姓性命。若不歸順，即踏平城郭，老幼不留！」

老將軍嚴顏在巴郡，聽說劉璋派法正請玄德入川，拊心歎道：「正所謂獨坐窮山，引虎自衛也！」後來又聽說劉備據住涪關，大怒，屢次欲提兵往戰，又恐巴郡不保。當日聞知張飛兵到，便點起本部五六千人馬，準備迎敵。

有人獻計道：「張飛在當陽長阪，一聲喝退曹兵百萬之眾。曹操亦聞風而避之，不可輕敵。如果深溝高壘，堅守不出。張飛人馬糧草不多，不過一月，自然退去。更兼張飛性如烈火，好酒後鞭撻士卒，如不與交戰，必然發怒，一怒必用暴厲之氣對待其軍士，軍心一變，乘勢擊之，定能擒住張飛。」嚴顏依計而行，教軍士盡數上城守護。

忽見城下一個軍士叫門，嚴顏命人放入問話。那軍士告說是張將軍差來的，把張飛言語述說一遍。

嚴顏大怒：「匹夫怎敢無禮！我豈能降賊！借你口說與張飛！」喚武士把那軍士割下耳鼻，放出城去。

軍士回見張飛，哭告嚴顏如此毀罵。張飛大怒，咬牙睜目，披掛上馬，引數百騎來巴郡城下搦戰。城上眾軍百般痛罵，張飛性急，幾番殺到吊橋，要過護城河，又被亂箭射回。竟無一個人出戰，張飛忍一肚氣還寨。

次日早晨，又引軍去搦戰。那嚴顏在城敵樓上，一箭射中張飛頭盔。張飛指著嚴顏發恨說：「若拿住你這老匹夫，我親自食你肉！」到晚又空回。

第三日，張飛引了軍，沿城去罵。原來那座城子是個山城，周圍都是亂山，張飛親自騎馬登山，下視城中。見軍士盡皆披掛，分列隊伍，伏在城中，又見民夫來來往往，搬磚運石，相助守城。張飛命馬軍下馬，步軍皆坐，引他出戰，並無動靜。

又罵了一日，依舊空回。張飛在寨中自思：「終日叫罵，嚴顏不出戰，如之奈何？」

張飛猛然思得一計：讓眾軍不要前去搦戰，都在寨中等候，只教三五十個軍士，直去城下叫罵。引嚴顏軍出來，便與廝殺。張飛磨拳擦掌，只等敵軍來。連罵了三日，全然不出。

張飛一計不成，又生一計，傳令教軍士四散砍打柴草，尋覓路徑，不來搦戰。嚴顏在城中，連日不見張飛動靜，心中疑惑，命十幾個小軍，扮作張飛砍柴的軍士，偷偷地出城，夾雜在軍內，探聽消息。

當日諸軍回寨。張飛坐在寨中，頓足大罵：「嚴顏老匹夫！氣殺我也！」只見帳前三四個人說道：「將軍不須心焦，這幾日打探得一條小路，可以偷過巴郡。」

張飛故意大叫：「既有這個去處，何不早來說？」

眾人道：「這幾日才打探出來。」

張飛吩咐：「事不宜遲，今夜二更造飯，趁三更月明，拔寨起兵，人銜枚，馬去鈴，悄悄而行。」早有人傳令全軍。探細的軍士聽得這個消息，盡回城中來，報與嚴顏。

嚴顏大喜：「我算定這匹夫忍耐不得。你偷小路過去，須是糧草輜重在後，我截住後路，你如何得過？」即時傳令：教軍士準備赴敵，劫殺張飛。看看近夜，嚴顏全軍盡皆飽食，披掛停當，悄悄出城，四散伏住，嚴顏自引十數裨將，下馬伏於林中。

約三更後，遙望見張飛親自在前，橫矛縱馬，悄悄引軍前進。剛過去不到三四里路，後面車仗人馬、陸續進發。嚴顏看得清楚，一齊擂鼓，四下伏兵盡起。

不料背後一聲鑼響，一彪軍殺到，大喝：「老賊休走！張飛在此！」嚴顏猛回頭看時，爲首一員大將，豹頭環眼，燕頷虎須，使丈八矛，騎烏騅馬，正是張飛。四下裡鑼聲大震，眾軍殺來。

嚴顏見了張飛，舉刀交戰，最終鬥不過張飛，被張飛生擒過來，擲於地下，眾軍向前，用繩索綁了。

原來先過去的是假張飛。張飛料到嚴顏擊鼓爲號，故以鳴金爲號，川兵見主將被俘，大半棄甲倒戈而降。

張飛殺到巴郡城下入城，傳令休殺百姓，出榜安民。左右把嚴顏推至。張飛坐於廳上，嚴顏不肯下跪。

張飛怒目咬牙大喝道：「大軍到此，因何不降，而敢拒敵？」

嚴顏全無懼色，回叱張飛道：「你等無義，侵我州郡！但有斷頭將軍，無投降將軍！」張飛大怒，喝令左右推出斬首。

嚴顏喝道：「賊匹夫！砍頭便砍，有何懼哉？」張飛見嚴顏聲音雄壯，面不改色，於是好言安慰，並下令喝退左右，親解去綁繩，扶在正中高坐，低頭便拜：「剛才言語冒瀆，幸勿見責。我素知老將軍是豪傑義士。」嚴顏感其恩義，於是投降。

分析整個戰役，張飛儼然是個智勇雙全的大將，他一改勇而無謀的常態，而是和老將軍嚴顏鬥智鬥勇，用假張飛賺回了一位眞義士。

第十八計：擒賊擒王

【原文】

摧其堅，奪其魁，以解其體。龍戰於野，其道窮也。

【譯文】

摧毀敵人的主力，擒住它的首領，就可以瓦解它的全軍鬥志。就好像群龍無首，離開大海到陸地作戰一樣，必然面臨絕境。

【計名探源】

擒賊擒王，語出唐代詩人杜甫《前出塞》：「挽弓當挽強，用箭當用長。射人先射馬，擒賊先擒王。」

此計用於軍事，是指打垮敵軍主力，擒拿敵軍首領，使敵軍徹底瓦解的謀略。擒賊擒王，就是捕殺敵軍首領或者摧毀敵人的指揮基地，使敵方陷於混亂，便於我方徹底擊潰之。

唐朝安史之亂時，安祿山氣焰囂張，連連大捷。安祿山之子安慶緒派勇將尹子奇率十萬勁旅進攻睢陽。

御史中丞張巡駐守睢陽，見敵軍來勢洶洶，決定據城固守。敵兵二十餘次攻城，均被擊退。尹子奇見士兵已經疲憊，只得鳴金收兵。晚上，敵兵剛剛準備休息，忽聽城頭戰鼓隆隆，喊聲震天。尹子奇急令部隊準備與衝出城來的唐軍激戰。

而張巡「只打雷不下雨」，不停擂鼓，像要殺出城來，可是一直緊閉城門，沒有出戰。尹子奇的部隊被折騰了一整夜，沒有得到休息，將士們疲乏至極，眼睛都睜不開了，倒在地上就呼呼大睡。

這時，城中一聲炮響，突然之間，張巡率領守兵衝殺出來。敵兵從夢中驚醒，驚慌失措，亂作一團。張巡一鼓作氣，接連斬殺五十餘名敵將，五千餘名士兵，敵軍大亂。

張巡急令部隊擒拿敵軍首領尹子奇，部隊一直衝到敵軍帥旗之下。張巡從未見過尹子奇，根本不認識，現在他又混在敵軍之中，更加難以辨認。

張巡心生一計，讓士兵用秸稈削尖作箭，射向敵軍。敵軍中不少人中箭，他們以爲這下完了。但卻發現，自己中的是秸稈箭，心中大喜，以爲張巡軍中已沒有箭了。他們爭先恐後向尹子奇報告這個好消息。

尹子奇覺得這是一個進攻的好機會，於是親自指揮，張巡見狀，立刻辨認出了敵軍首領尹子奇，急令部將神箭手南霽雲向尹子奇放箭，正中尹子奇左眼。這回可是眞箭。只見尹子奇鮮血淋漓，抱頭鼠竄，倉皇逃命。敵軍一片混亂，大敗而逃。

魯肅設宴欲擒王　關羽赴會反脫身

有句俗語叫：劉備借荊州，有借無還。說的是赤壁之戰，孫劉聯軍擊敗曹操後，周瑜又派兵取了荊州，不料卻被諸葛亮、劉備用計占有，只說是借，卻賴著不還。

孫權見劉備不還荊州，很是著急，急於想從劉備手中討回荊州。他差人責問都督魯肅道：「子敬過去爲劉備作保，借我荊州。現在劉備已經得了西川，卻不肯歸還荊州，你難道還能坐視不管嗎？」

魯肅說：「我已經想好了一條計策，正要告訴主公。」

孫權問：「是什麼計策？」

魯肅說：「我現在在陸口屯兵，可派人請關雲長赴會。如果雲長肯來，便以好言相勸，讓他歸還荊州；他若不肯還荊州，埋伏的刀斧手就將他殺之。如他不肯來赴會，便隨即進兵，與他決一勝負，再奪取荊州。」

孫權說：「正合我意，可馬上籌劃。」

闞澤進言說：「不可以如此，關雲長是當今的虎將，不是等閒之輩可比，恐怕事還沒辦好，反遭其害。」

孫權生氣地說：「如果這樣，荊州什麼時候才能討回！」便命魯肅馬上依計而行。

於是，魯肅辭別孫權，回陸口與呂蒙、甘寧商議，在陸口寨外的臨江亭上設宴，寫好書信，派一名能說會道的人爲使者，到荊州下書，邀請關雲長赴宴。

使者帶著書信登船渡江，到江口，關平帶使者到荊州叩見雲長。使者詳細地說明魯肅相邀赴會的意思，並呈上請柬。

關公看了，對來人說：「既然子敬有請，我明日就去赴宴。你可以先回去。」

使者告辭走後，關平說：「魯肅相邀，必定沒懷好意。父親爲什麼還答應他呢？」

關羽笑著說：「我難道不知道嗎？這是諸葛瑾回去報告孫權，說我不肯歸還三郡，所以才讓魯肅屯兵陸口，邀我赴會，就是索要荊州。我如果不去，會說我膽怯。我明天單獨駕一隻小船，只用十幾個親隨，單刀赴會，看魯肅怎樣接待我！」

關平勸道：「父親爲什麼要用萬金之軀，親自入虎狼之穴呢？這恐怕不是看重伯父的重託吧。」

關羽說：「我在千軍萬馬之中，箭石交攻之際，匹馬縱橫，如入無人之境，難道害怕江東這群鼠輩嗎？」

馬良也勸道：「魯肅雖然有長者之風，但是今天事情急迫，不容不生二心。將軍不可輕易前往。」

關公說：「古時戰國的藺相如，手無縛雞之力，在澠池會上，視秦國君臣如無物，況且我曾學過抵擋萬人的本領呢！既然已經答應了，絕不失信。」

馬良說：「縱使將軍決定前往，也應當有所準備。」

關羽說：「只教我兒關平選快船十隻，內藏善水戰士兵五百人，在江上等候，見我的紅旗舉起，便過江來。」關平接到命令便做準備去了。

使者回去報告魯肅，說關羽慷慨地答應了，明日定來赴宴。

魯肅與呂蒙商議：「關羽既來赴宴，我們應如何對付？」

呂蒙說：「他如果帶兵馬來，我與甘寧各領一軍埋伏在岸旁，放炮為號，準備廝殺。如果他沒帶兵馬來，那麼只在大廳後面埋伏五十名刀斧手，就在筵席上將他殺掉。」就這樣商議完畢，一切按計畫行事。

第二天，魯肅派人在岸口遙望。辰時過後，只見江面上有一隻船駛來。船上只有幾名艄公和水手，還有一面紅旗，在風中招展飄揚，顯出一個大「關」字來。

船漸漸靠近岸邊，只見關羽青巾綠袍，端坐於船上。旁邊周倉扛著大刀，七八個關西大漢，各挎一口腰刀立於兩側。

魯肅驚疑不定，把關羽接入大廳內。敘禮已畢，入席飲酒，魯肅勸酒，卻不敢直視關羽，關公卻談笑自若。

酒至一半，魯肅對關羽說：「有一句話要跟君侯講，希望您能聽聽：過去您的兄長皇叔，讓我在我家主公面前作保，暫借荊州，約定奪取西川之後便歸還。如今西川已經取下了，而荊州卻遲遲未還，請不要失信呀！」

關羽說：「這是國家大事，筵席間不必談論它。」

魯肅說：「我家主公只有區區江東之地，而把荊州借給皇叔的原因，是想君侯等兵敗遠來，沒有別的可以幫助您。現在皇叔已經取下了西川，所以荊州應歸還東吳。皇叔只肯先還三郡，而君侯又不肯，這恐怕於情理上說不過去呀！」

關羽說：「烏林之戰，左將軍親冒矢石，一心破敵，怎能徒勞而無尺寸之地呢？現在您又來索要荊州，這又是何道理呢？」

魯肅說：「不是這樣。君侯與皇叔一同在長阪坡被曹操打敗，智窮力竭，幾無去處，我家主公憐惜皇叔無棲身之處，不吝惜土地，借與皇叔，使皇叔有立足之地，也好以此來建立功業。而皇叔卻損害好的德行，既然取得了西川，還不歸還荊州，實在是貪心而又背信棄義，這恐怕會被天下人恥笑，請君侯您考慮這件事。」

關羽厚著臉說：「這是我兄長的事，不是我能管得了的。」

魯肅說：「君侯與皇叔桃園結義，誓同生死。皇叔就是君侯，爲什麼推託不管呢？」

還沒等關羽答話，周倉在階下厲聲喝道：「天下的土地，有德者居之，難道荊州非你東吳應當占有嗎？」

關羽憤怒而起，奪過周倉所捧的大刀，擎刀在手，立在庭中央，對周倉喝道：「這是國家的大事，你亂說些什麼！趕快出去！」

周倉會意，來到岸口，把紅旗一招。關平見了信號，馬上發船，船像離弓之箭一般，直奔江東而來。

關羽提刀在手，挽著魯肅，假說已醉，對魯肅道：「都督今日請我赴宴，不要提荊州的事。我現在已經醉了，恐怕會傷害我們的感情。過些天一定請您到荊州赴會，再作商議。」

魯肅被關羽扯到江邊。呂蒙、甘寧都想引本部人馬殺出，看見關羽手提大刀，親自挽著魯肅，恐怕關羽加害魯肅，沒敢輕舉妄動。

關羽走到江邊，這才放手，立於船頭，與魯肅告別。魯肅如做夢一般，看著關羽的船乘風而去。

關羽單刀赴會能從容脫險，用的就是擒賊擒王之計，關羽確實勇武，怎奈隻身深入虎穴，又恐對自己不利，於是假說已醉，實則清醒，他知道眾人當中，魯肅身為都督，身分最高。於是挽住魯肅，實際就是拿魯肅當人質。呂蒙，甘寧都想殺出，但恐怕關羽傷到魯肅，所以沒敢妄動。

這裡的「王」就是魯肅，既然有了魯肅這張王牌在手，關羽才能從容脫險。

馬超潼關欲擒王　曹操割鬚又棄袍

在軍事上，擒賊要擒到點子上，如果能擒住敵軍首領，那麼戰爭的勝負就基本決定了，否則定是勝負難料。

曹操殺了西涼太守馬騰，引得馬超兵犯潼關。潼關守將鍾繇派人飛報曹操。曹操命曹洪、徐晃增援潼關，臨行吩咐：「你二人先帶一萬人馬，替鍾繇緊守潼關。如十日內失了關隘，皆斬；十日外，不干你二人之事。我統大軍隨後便至。」二人領了命令，星夜便行。

曹洪、徐晃到潼關，替鍾繇堅守關隘，並不出戰。馬超領軍來關下，把曹操祖宗三代都罵了。曹洪大怒，要提兵下關廝殺。

徐晃勸諫道：「這是馬超的激將法，萬萬不可與之廝殺。待丞相大軍到來，必有退兵之策。」馬超軍日夜輪流來罵。曹洪還要廝殺，徐晃苦苦擋住。

到了第九日，曹洪見西涼軍都棄馬在關前草地上坐臥；曹洪便引三千兵馬殺下關來。西涼兵棄馬拋戈而走。曹洪在後面追趕。

當時徐晃正在關上點視糧車，聽說曹洪下關廝殺，大驚，急引兵隨後趕來，大叫曹洪回馬。忽然背後喊聲大震，馬岱引兵殺來。

曹洪、徐晃急忙撤兵，鼓聲四起，山背後兩軍殺出：左是馬超、右是龐德，混殺一陣。曹洪抵擋不住，折軍大半，衝出重圍，奔到關上。西涼兵隨後趕來，曹洪等棄關而走。

龐德直追過潼關，撞見曹仁軍馬，救了曹洪等一軍。馬超接應龐德上關。曹洪失了潼關。

這時曹操引兵到了潼關，見失了潼關，欲斬曹洪，眾將求情，曹操才免了曹洪死罪。曹操下令砍伐樹木，立起排柵，分作三寨：左寨曹仁，右寨夏侯淵，曹操自居中寨。

第二天，曹操引三寨大小將校與西涼軍交戰。兩邊各布陣勢。曹操立馬於門旗下，看西涼之兵，人人勇健，個個英雄。又見馬超生得面如傅粉，唇若抹朱，腰細膀寬，聲雄力猛，白袍銀鎧，手執長槍，立馬陣前，上首龐德，下首馬岱。

曹操暗暗稱奇，對馬超說：「你乃漢朝名將子孫，爲何反叛？」

馬超咬牙切齒，大罵：「曹操老賊！欺君罔上，罪不容誅！害我父弟，不共戴天之仇！」說罷，挺槍直殺過來。

曹操背後于禁出迎。兩馬交戰，鬥得八九合，于禁敗走。張郃出迎，戰二十合也敗走。李通出迎，馬超神勇無比，一槍刺李通於馬下。

馬超把槍往空中一舉，西涼兵一齊衝殺過來。曹兵大敗。西涼兵來勢兇猛，左右將佐，皆抵擋不住。

馬超、龐德、馬岱引百餘騎，直入中軍來捉曹操。曹操在亂軍中，只聽得西涼軍大叫：「穿紅袍的是曹操！」曹操就馬上脫下紅袍。

又聽得大叫：「長髯者是曹操！」曹操驚慌，抽出佩刀斬斷其髯。軍中有人將曹操割髯之事告知馬超，馬超令人叫喊：「短髯者是曹操！」曹操聽完，即扯旗角包頸而逃。

曹操正走之間，背後一騎趕來，回頭視之，正是馬超。曹操大驚。左右將校見馬超趕來，各自逃命，只撇下曹操。

馬超厲聲大叫：「曹操休走！」曹操驚得馬鞭墜地。看看趕上，馬超從後使槍搠來。曹操繞樹而走，馬超一槍搠在樹上；急拔下時，曹操已走遠。馬超縱馬趕來，山坡邊轉過一將，大叫：「勿傷吾主！曹洪在此！」掄刀縱馬，攔住馬超。曹操才得以逃脫。

曹洪與馬超戰到四五十合，漸漸刀法散亂，氣力不加。夏侯淵引數十騎隨到。馬超獨自一人，恐被暗算，於是撥馬而回，夏侯淵也不來追趕。

此戰，馬超用的就是擒賊擒王之計，本想一鼓作氣抓住曹操，他知道抓住了曹操，自己就取得了這場戰爭的勝利。遺憾的是他幾次都險些抓到曹操，但還是讓曹操給跑了，馬超就是沒有擒住這個「王」，後來自己反倒讓曹操給打敗了。

桓桓鼎峙震雷音，絕唱高蹤沒處尋。
簫鼓一方情未暢，弓刀萬里力難任。
論兵恨石寧無意，飲馬黃河徒有心。
雖曰天時亦人事，誰知慮外失良金。

宋．邵雍《觀三國》

混戰計

第四篇

第十九計：釜底抽薪

【原文】

不敵其力，而消其勢，兌下乾上之象。

【譯文】

不直接面對敵人的鋒芒，而是善於抓住主要衝突，削弱敵人的氣勢。也就是說用以柔克剛的辦法轉弱爲強。

【計名探源】

釜底抽薪，語出北魏的《爲侯景叛移梁朝文》：「抽薪止沸，剪草除根。」古人還說：「故以湯止沸，沸乃不止，誠知其本，則去火而已矣。」這個比喻很淺顯，道理卻說得十分清楚。水燒開了，再摻水進去是不能讓水溫降下來的，根本的辦法是把火滅掉，水溫自然就降下來了。

此計用於軍事，是指對強敵不可靠正面作戰取勝，而應該避其鋒芒，找出要害，削減敵人的氣勢，再趁機取勝。

很多時候，一些影響全局的關鍵點，恰恰是對方的弱點，所以要準確判斷，抓住時機，攻其弱點。

足智多謀數程昱　釜底抽薪詆徐庶

劉備早有建立霸業的志向，怎奈漂泊半生，還沒有一個落腳的地方，常寄人籬下。總想找一位能人輔佐完成霸業。

後來，被曹操戰敗，依附荊州劉表。一天，劉備在新野集市上看見一人，葛巾布袍，皂絛烏履，踏歌而至。歌中唱道：

天地反覆兮，戰火欲殂；
大廈將崩兮，一木難扶。
山谷有賢兮，欲投明主；
明主求賢兮，卻不知吾。

劉備見此人相貌甚奇、出語不俗，定是能人。便邀此人到縣衙，問其姓名，才知他姓單，名福。

劉備知道，如今天下大亂，很多有才能的人不願為官都隱居起來了，尤其荊州更是高人甚多，於是拜單福為軍師，操練兵馬。

曹操從冀州回許都之後，常有奪取荊州的意思。於是，特派曹仁、李典領兵三萬在樊城虎視荊州，探看虛實。

河北降將呂曠、呂翔向曹仁建議：劉備屯兵新野，每日操練兵馬，應早圖之，免生後患。並願率精兵五千，攻打劉備。曹仁大喜，欣然應允。

結果單福用計，使曹軍大敗，二呂也丟了性命。曹仁聞報大怒，不聽李典勸阻，親自率領本部兵馬，星夜渡河，想要踏平新野。

劉備得勝回縣城之後，單福說：「曹仁屯兵樊城，今知二將被殺，必將率大兵來戰，主公宜早做準備。」

劉備忙向單福問計，單福說：「他若帶全部兵馬前來進攻，樊城必定空虛，可趁機奪下樊城。」

劉備依單福之計，把曹仁殺得大敗，又趁機奪了樊城，曹仁折了許多人馬，連夜逃回許昌。

曹仁與李典回到許昌，見到曹操哭拜於地請罪，詳細敘說了兩次損兵的經過。

曹操說：「勝負乃軍家常事。但不知是誰爲劉備謀劃的。」曹仁說是單福。

曹操問單福是什麼樣人，程昱笑著說：「他不叫單福。這個人幼年好學擊劍，中平末年，曾經爲人報仇而殺人，他披散頭髮，塗抹顏面逃走，被當地官吏逮住。問姓名他不回答，把他捆在車上，擊鼓遊街，讓市人識別。雖然有認識的也不敢說，後又被同伴搶走。以後他改了姓名，遍訪名師學兵法，經常與司馬徽談論。這個人是潁川徐庶，字元直，單福是他的假名。」

曹操又問：「徐庶的才能與您相比，如何？」

程昱說：「徐庶的才能勝我十倍。」

曹操說：「很可惜啊，這樣有才能的賢士歸劉備啦！一旦劉備的羽翼豐滿了，那可怎麼辦啊？」

程昱說：「徐庶雖然在劉備那裡，丞相要用，召來並不難。」

曹操問：「怎麼才能讓他來歸順呢？」

程昱說：「徐庶爲人十分孝順。他年幼喪父，只有老母在堂，現今他的弟弟徐康已亡，老母無人奉養。丞相可以派人把他的母親接來許昌，令徐母給徐庶寫封書信叫她兒子來，如此，徐庶一定會來的。」

這就是釜底抽薪之計，程昱明知許以高官厚祿，徐庶也不會來許昌，只要將徐母接來，抄了徐庶的後路，徐庶自會來許昌。

曹操十分高興，馬上派人連夜前去將徐母接來。曹操待徐母優厚，並且對徐母說：「聽說您的兒子徐元直是天下奇才。現在新野幫助亂臣劉備與朝廷對抗，這好像一塊美玉落入污泥之中，實在可惜。今煩老夫人寫封書信，叫徐庶來許都，我在天子面前保奏他，一定會有高官厚祿。」說罷令左右捧過文房四寶，讓徐母給徐庶寫信。

徐母說：「劉備是什麼樣的人啊？」

曹操說：「沛縣的小人物，妄稱『皇叔』，毫無信義，正所謂外面是君子之名，而內心卻是小人之量！」

徐母厲聲喝道：「你爲何這樣虛僞騙人呢！我早就聽說劉備是中山靖王之後，孝景皇帝的玄孫，屈己待人，謙恭待人，素有仁義之名，世上的人都知道他的美名，他才是當世的英雄。我兒輔佐他，是找到眞正的明主了。你名爲漢相，實爲漢賊。現在反而說劉皇叔是亂臣賊子，還讓我兒棄明投暗，豈不是讓我自找恥辱嗎？」說完，拿起硯臺便打曹操。

曹操大怒，喝叱武士要斬徐母。程昱急忙制止，並進言道：「徐母之所以觸犯丞相，就是想死，也好讓丞相斷了收服徐庶的念頭。您如果殺了她，則招來不義之名，而且還成全了徐母之德。徐母一死，徐庶要報殺母之仇，必死心塌地幫助劉備。丞相不如留下她，使徐庶身繫兩處，即使幫助劉備，也不會盡心盡力。只要有徐母在，我就有辦法賺徐庶到這裡來輔佐丞相。」

於是，曹操把徐母奉養起來。程昱經常問候徐母，還謊稱曾跟徐庶結拜弟兄，他假意待徐母如親母一般，時常送些物品，每次必寫封便信。

徐母是知書達理之人，見程昱客氣有禮，也因此寫手書回復。這樣程昱賺得了徐母的筆跡，就模仿她的字體，給徐庶寫了一封信。程昱派一心腹之人持書直奔新野爲徐庶送信。

徐庶看完家書後，淚如泉湧，這才向劉備說出實情：「我本潁川徐庶，字元直，因爲逃難，才用假名單福。早些時候聽說劉表招賢納士，特去投奔。談吐間才知劉表徒有虛名，實是庸才，因此作書辭別。深夜到水鏡莊上，向水鏡先生訴說此事。水鏡先生怪我不識明主，並說：『劉皇叔在此，為什麼不去輔佐他？』所以，我這才在街市上狂歌，使您動心。很幸運得到您的重用。無奈母親被曹操用奸計騙到許昌，並寫來書信叫我前去許昌，我怕曹操加害母親，我不能不去，不是我不願意為您出力效勞。今後如果有機會，我再為您效勞吧。」

劉備聽罷大哭道：「母子是天性之親，你不要惦念我，希望與老夫人相見後，還能得到您的教誨。」徐庶拜別告辭。

孫乾祕密地對劉備說：「徐庶是天下奇才，且久在新野，知道我軍虛實，如果歸順曹操，我們就危險了，主公應苦苦相留，曹操久等不去，必定斬他的母親。元直為給母親報仇，定會全力輔佐主公，共同對付曹操。」

劉備卻說：「絕不可以。逼人殺了他的母親，而我用她的兒子，是為不仁；留著他不讓走，以絕母子之情，是為不義。我寧可去死，也不做這種不仁不義的事。」眾人都很感歎。

劉備請徐庶飲酒，徐庶說：「如今知道母親被囚禁，雖有金波玉液也難以下嚥。」

劉備也說：「知道先生將去，如丟失左右手，雖有龍肝鳳髓，也不甘味。」說罷，二人相對而泣，就這樣坐著到了天明。

而後，劉備親自送徐庶離開，一送再送，一直送到長亭，於馬上握著徐庶的手說：「先生此去，天各一方，不知哪一天還能相見！」說罷，淚如雨下。

徐庶也哭著說：「我才智淺薄，深受主公厚愛，正想與主公大展宏圖、建立霸業。由於母親的緣故，今不幸中途而別，到曹營後，縱使曹操相逼，我也終身不設一謀。」

劉備不忍相離，立馬林邊，望著徐庶乘馬匆匆而去，傷感無比。忽見徐庶拍馬而回，勒馬對劉備說：「我因心緒煩亂，卻忘了一件事：此間有一奇士，如果能得此人，無異於周得呂望、漢得張良。此人複姓諸葛，名亮，字孔明。」

徐庶薦了孔明，再別劉備，策馬而去。這就是徐庶進曹營的整個過程。

曹操、程昱用了釜底抽薪之計，將徐庶騙到曹營。如果曹操不用此計，恐怕難以得到徐庶。然而，曹操雖然得到了徐庶，徐庶卻從不為他出謀劃策。原因有二：

第一，徐庶與劉備既有君臣關係，又有朋友情義，去曹營不是出於本心；

第二，他到曹營之後，即知事實眞相，母親憤而自縊。徐庶自知被騙，所以更恨曹操，發誓不為曹操設一計謀。

縱觀曹操、程昱的這次陰謀，雖有些陰損，如果從整個戰局來看，頗有可取之處。徐庶雖沒有諸葛亮之才，卻也是三國時有名的賢士，縱使徐庶終生不為曹操設一謀略，也比徐庶在劉備那裡好得多，這樣就等於削掉了劉備的羽翼。

孔明設下抽薪計　馬超棄暗投明主

益州牧劉璋引狼入室，本打算請劉備來共同對付張魯，卻發現劉備有吞併西川的野心，不得已向漢中的張魯求援，答應事成之後以二十州相謝。

這時，剛剛投奔張魯的馬超要建功勞，於是挺身而出，張魯大喜，馬上點了兩萬兵馬，命馬超即日起程。

劉備占領了綿竹，正與諸葛亮商議取成都之事，忽然得報：馬超攻打葭萌關。劉備大吃一驚，諸葛亮說：「要敵馬超，非張飛、趙雲兩位將軍不可。」

劉備說：「子龍不在，正好翼德在這兒，趕快派他去吧。」

諸葛亮說：「主公不必多說，容我激他。」

張飛聽說馬超攻打葭萌關，便大叫著進來說：「辭了哥哥，便去戰馬超。」

諸葛亮裝作沒聽見，對劉備說：「現今馬超無人能敵，非雲長不可，趕快到荊州去請雲長，方能戰勝馬超。」

張飛說道：「軍師因何小看我！當陽橋上，我曾獨擋百萬曹軍，難道還怕區區一馬超嗎？」

諸葛亮說：「將軍拒水斷橋，是因爲曹操不知道虛實的緣故，如果曹操知道其中虛實，將軍還能抵擋住百萬曹兵嗎？現今馬超英勇，天下無敵，潼關一戰，曹操割鬚棄袍，幾乎喪命，這不是一般人能比的。雲長也不一定能勝，何況將軍。」

張飛越發著急：「我今天便去戰馬超，如勝不了馬超，願軍法從事。」

諸葛亮說：「既如此，立了軍令狀，便讓你爲先鋒，請主公親自隨翼德前往，我守綿竹，等子龍回來再作商議。」

第二天，劉備、張飛率兵來到葭萌關，關下鼓聲震天，馬超關下討戰，劉備在關上看得清楚，馬超銀甲白袍，縱馬提槍列於隊前。

劉備見馬超穿戴非凡，人才出眾，已有喜愛之意，感歎道：「人說『錦馬超』，果然名不虛傳！」張飛便要下關決戰。

劉備急忙制止說：「暫且不要出戰，先避避對方的銳氣再戰。」關下馬超單要張飛大戰，張飛恨不得吞了馬超，三番五次要戰，被劉備攔住。

午後時分，劉備見馬超陣上的人馬全都疲倦了，便派張飛下關來戰。馬超見張飛軍到，槍往後一招，大軍退出一箭之地。

張飛大呼道：「認得燕人張翼德嗎？」

馬超笑著說：「我家世代公侯，如何認得你這個山野村夫？」

張飛大怒，舉槍直奔馬超，馬超也舉槍衝出，二槍並舉，大戰一百餘合，不分勝敗。

劉備不住讚歎道：「眞是虎將啊！」恐怕張飛有閃失，急忙鳴金收兵。

張飛回到陣中除去頭盔，只裹著包巾上馬，又出陣與馬超廝殺。馬超也出陣再戰，二人又鬥了一百多合，精神更加抖擻。

這時天色已晚，劉備又命人鳴金收兵，兩人又各回本陣。

劉備對張飛說：「馬超英勇，不可輕敵，暫且上關，明日再戰。」

張飛大叫道：「不殺馬超，絕不收兵！」

劉備說：「天色已晚，不可再戰。」

張飛說：「點上火把，挑燈夜戰！」

馬超也大叫：「張飛！敢夜戰嗎？」

張飛縱馬衝出，大叫：「我捉不到你，誓不回關！」

於是，兩軍士卒點起無數火把，照如白晝，二人繼續酣戰，仍然打個平手。

第二天，張飛又想出關來戰馬超，有人來報軍師來了。

諸葛亮對劉備說：「我聽說馬超是一員虎將，若與三將軍苦戰，必有一傷。因此，我星夜來到這裡，要替主公收服馬超。」

劉備說：「馬超是個英雄，我很喜歡他，怎樣才能收服他呢？」

諸葛亮說：「我聽說張魯想自立爲『漢寧王』，他手下有個貪婪的謀士叫楊松，主公可派人繞道去漢中，先用金銀賄賂楊松，然後讓他勸張魯撤回馬超的軍隊。等張魯命馬超撤軍時，我自有妙計招降馬超。」

劉備大喜，立即派孫乾帶重禮從小路去漢中見楊松，見到楊松後，說明此事，送上了禮物，楊松很高興，向張魯引薦了孫乾。

孫乾說明來意，遞上書信，具言能保奏張魯爲漢寧王，張魯說：「劉備只是左將軍，如何保我？」

孫乾說：「我家主公是皇叔，正好保奏。」張魯聽後很高興，便命馬超罷兵。可馬超以沒有攻下葭萌關，以此爲理由，拒絕退兵。

張魯又派使者催促退兵，一連三次，馬超仍不肯退兵。

楊松趁機說：「馬超歸降主公就不是眞心，不肯退兵，一定是想造反。」於是派人散佈流言：馬超要奪取西川，自立爲王，不願在張魯手下稱臣。張魯聽說這些謠言，信以爲眞，忙向楊松求計。

楊松說：「主公可派人告訴馬超：『你既然想要進兵，以一個月爲限，必須做到以下三件事：第一，要取下西川；第二，要交上劉璋首級；第三，要殺退劉備。三件事不成，便是殺頭之罪。』同時，派張衛帶兵把守關隘，嚴防馬超兵變。」

張魯依了楊松之言，派人到馬超寨中傳令，馬超驚訝不已，不知其中緣故，就與馬岱商量，不如退兵。

楊松見馬超有退兵之意，又放流言說：「馬超沒有攻下葭萌關卻要退兵，必有異心。」於是張衛兵分七路，堅守隘口，不放馬超通過。此時，馬超進不得進，退不得退，無計可施。

諸葛亮對劉備說：「現在馬超已是進退無路，我要親自到馬超寨中，說服馬超投降主公。」

劉備說：「不可，先生是我依靠的心腹，若有閃失，又如何得了？」

正在猶豫間，忽然有人來報說：趙雲有書信推薦西川一人來降。劉備問後，知道來人是李恢。

劉備問李恢來意，李恢說：「我聽說將軍與馬超交兵，而且馬超已中小人奸計，進退兩難。我過去在隴西與馬超有過一面之交，願意去說服馬超前來歸降。」

諸葛亮說：「願意聽聽您的說詞。」李恢在諸葛亮耳邊陳說如此如此，諸葛亮很高興，便立即派他前往。

李恢到了軍前，請人通報姓名。馬超說：「我知道李恢是位舌辯之士，今天一定是來做說客的。」便命二十名刀斧手埋伏在帳中，吩咐說：「聽我的命令行事！」然後傳令請進李恢。

一會兒，李恢昂然而入。馬超對李恢說：「先生因何而來？」

李恢說：「來做說客。」

馬超說：「我的寶劍是剛剛磨過的，你自己斟酌，弄不好就要試試我的寶劍了。」

李恢卻笑著說：「將軍大禍不遠了！恐怕您新磨的劍，還沒等試我的頭，就要試自己的頭啊！」

馬超說：「我有什麼禍？」

李恢說：「我聽說越國的西施，善於詆毀的也掩蓋不住她的美貌；齊國的無鹽，善於誇讚的也掩飾不了她的醜陋。日中則昃，月滿則虧，這是常理。現在將軍與曹操有殺父之仇，而與隴西又有切齒之恨。前進不能殺退劉備解救劉璋，後退不能面見張魯懲治楊松，天下雖大，將軍並無容身之處，假使再有渭橋之敗，冀城之失，將軍又該怎麼辦呢？」

馬超答謝道：「先生說得很對，如今我已無路可走了。」

李恢說：「將軍既然認為我說的正確，帳下為什麼還埋伏著刀斧手呢？」馬超慚愧，馬上命刀斧手全部退下。

李恢說：「劉備是大漢皇叔，禮賢下士，他的事業一定能成功，所以棄劉璋歸順了劉備。將軍的父親過去曾與皇叔共同約定討賊，將軍為什麼不投奔皇叔呢？這樣上可以報父仇，下可以立功名。」

馬超聽後如釋重負，一劍斬了張魯的心腹楊柏，隨著李恢一同去見劉備。

諸葛亮知道，正面強攻很難戰勝馬超，即便是勉強戰勝，也難免兩敗俱傷，所以想出了釜底抽薪之計，要從內部瓦解，使張魯猜疑馬超，離間他二人，這樣就會把馬超趕入絕路，才能收服馬超，這就是諸葛亮用計的整個過程。

第二十計：混水摸魚

【原文】

乘其陰亂，利其弱而無主。隨，以向晦入宴息。

【譯文】

趁敵人內部混亂之際，利用其虛弱而無主見的時機，迫使敵人順從我方的意思，就像人到了夜晚一定要入室休息一樣。

【計名探源】

混水摸魚，原意是，在混濁的水中，魚兒暈頭轉向，如果趁機下手，可將魚兒抓到。此計用於軍事，指當敵人混亂無主時趁機出擊，奪取勝利。

戰爭中，實力較弱的一方經常會動搖不定，這就給對方可乘之機。更多的時候，這個可乘之機不能靠等待，而應主動去製造。

唐朝開元年間，契丹叛亂，多次侵犯唐朝。朝廷派張守圭爲幽州節度使，平定契丹之亂。契丹大將可突汗幾次攻幽州，都未如願。他想探聽唐軍虛實，派使者到幽州，假意表示願重新歸順朝廷，永不進犯。

張守圭知道契丹勢氣正旺盛，主動求和，必定有詐。他將計就計，客氣地接待了來使。隔一天，他派王悔代表朝廷到可突汗營中宣撫，並命王悔一定要探明契丹內部的底細。

王悔在契丹營中受到熱情接待，他在招待酒宴上仔細觀察契丹眾將的一舉一動。

王悔發現，契丹眾將在對契丹王的態度上並不一致。他又從一個小兵口中探聽到分掌兵權的李過折一向與可突汗不和，兩人貌合神離，互不服氣。

王悔特意去拜訪李過折，裝做不瞭解他和可突汗之間的衝突，當著李過折的面，假意大肆誇獎可突汗的才幹。

李過折聽罷，怒火中燒，說可突汗主張反唐，使契丹陷於戰亂，人民十分怨恨。並告訴王悔，契丹這次求和完全是假的，可突汗已向突厥借兵，不日就要攻打幽州。

王悔趁機勸說李過折，唐軍勢力強大，可突汗肯定失敗。他如脫離可突汗，建功立業，朝廷保證一定會重用他。李過折果然心動，表示願意歸順朝廷。王悔任務完成，立即辭別契丹王返回幽州。

第二天晚上，李過折率領本部人馬，突襲可突汗的中軍大帳。可突汗毫無防備，被李過折斬於營中！

這一下，契丹營大亂。忠於可突汗的大將蹁禮招集人馬，與李過折展開激戰，殺了李過折。張守圭探得消息，立即親率人馬趕來接應李過折的部隊，趁機大破契丹軍。

曹丕趁亂入袁府　混水摸魚得美人

曹操的長子曹丕，字子桓。曹丕出生時，有雲氣一片，顏色青紫，圓如車蓋，籠罩在屋子的上邊，多日不散。有善於望氣的人祕密地對曹操說：「這是天子氣象。您的兒貴不可言！」曹丕八歲能作詩文，有逸才，博古通今，善騎射，好擊劍。

曹操大破冀州城時，曹丕隨父在軍中，先率領親兵，直奔袁紹的府宅，下馬拔劍而入。有一將阻攔並說道：「丞相有命，任何人不許進袁紹府宅。」曹丕喝退守門將軍，提劍入後堂。看見兩個婦人相互擁抱而哭，曹丕向前要殺二人。忽見眼前紅光一片，於是按劍而問：「你二人是什麼人？」那個年紀稍長一點的婦人說道：「妾乃是袁將軍之妻劉氏。」曹丕指著另一個女人問：「這個女人是什麼人？」劉氏說：「是次子袁熙的妻子甄氏。因袁熙去鎮守幽州，甄氏不肯遠行，所以留在府中。」曹丕把甄氏拉過來，見她披髮垢面。曹丕用衣袖擦了擦甄氏的臉再仔細觀瞧，見甄氏肌膚如玉、容貌如花，有傾國之色。於是對劉氏說：「我是曹丞相之子曹丕，願意保護你的家小，你不要擔心。」於是按劍坐在堂上。

曹操統領眾將進入冀州城，曹操到袁紹府門下馬，問道：「誰曾進入過這裡？」守將回答說：「世子在內。」曹操叫出曹丕訓斥一番。這時，劉氏出來拜見曹操說：「如果不是世子，不能保全妾的全家，願意讓甄氏伺候世子。」曹操令人叫出甄氏看後，說：「眞是我的兒媳啊！」於是令曹丕納甄氏爲妻。

曹操在破冀州前有令，任何人不得擅自進入袁紹府，應該說曹操是有目地的：一是防止手下人搶掠濫殺；二是袁紹府金銀珠寶如山，妻妾美女成群，這些曹操完全可以據爲己有。如果不是曹丕捷足先登，很有可能甄氏就是曹操的侍妾了，曹操本是好色之徒，在宛城就納過張濟之妻。當時曹丕才十八歲，但在漢末三國初也到了該成婚的年齡了。所以就來個混水摸魚，趁亂娶了甄氏。曹丕很聰明，他知道冀州既破，袁紹府中肯定有自己想要的東西。但如果曹操先入府中，自己有可能得不到什麼，所以來個趁亂先入，果然得到了一個美人。

周公瑾忙中中計　諸葛亮趁亂取勢

赤壁大戰，曹操大敗。爲了防止孫權北進，曹操派大將曹仁駐守南郡（今湖北公安縣）。這時，孫權、劉備都在打南郡的主意。周瑜因赤壁大戰獲勝，氣勢如虹，下令進兵，攻取南郡。劉備也把部隊調到油江口駐紮，眼睛死死地盯住南郡。周瑜說：「爲了攻打南郡，我東吳花多大的代價都行，南郡唾手可得。劉備休想做奪取南郡的美夢！」劉備爲了穩住周瑜，首先派人到周瑜營中祝賀。周瑜心想，我一定要見見劉備，看他有何打算。第二天，周瑜親自到劉備營中回謝。在酒席之中，周瑜單刀直入問劉備駐紮油江口，是不是要取南郡。

劉備說，聽說都督要攻打南郡，特來相助。如果都督不取，那我就去占領。周瑜大笑說：南郡指日可下，如何不取?劉備說：「都督不可輕敵，曹仁勇不可擋，能不能攻下南郡，還很難說。」周瑜一向驕傲自負，聽劉備這麼一說，很不高興，他脫口而出：「我若攻不下南郡，就聽任豫州（即劉備）去取。」劉備盼的就是這句話，馬上說：「都督說得好，子敬（即魯肅）、孔明都在場作證。我先讓你去取南郡，如果取不下，我就去取。你可千萬不能反悔啊。」周瑜一笑，哪裡會把劉備放在心上。周瑜走後，諸葛亮建議按兵不動，讓周瑜先去與曹兵廝殺。

周瑜發兵，首先攻下彝陵（今湖北宜昌）。然後乘勝攻打南郡，卻中了曹仁的誘敵之計，自己中箭而返。

曹仁見周瑜中了毒箭受傷，非常高興，每日派人到周瑜營前叫戰。周瑜只是堅守營門，不肯出戰。一天，曹仁親自帶領大軍前來叫陣。周瑜帶領數百騎兵衝出營門大戰曹軍，開戰不多時，忽聽周瑜大叫一聲，口吐鮮血，墜於馬下，被眾將救回營中。原來這是周瑜定下哄騙曹仁的計謀，一時間傳出周瑜箭瘡發作而死的消息。周瑜營中奏起哀樂，士兵們都戴了孝。曹仁聞訊，大喜過望，決定趁周瑜剛死，東吳無心戀戰的時機前去劫營，割下周瑜的首級，到曹操那裡去請賞。

當天晚上，曹仁親率大軍去劫營，城中只留下陳矯帶少數士兵護城。曹仁大軍趁著黑夜衝進周瑜大營，只見營中寂靜無聲，空無一人。曹仁情知中計，急忙退兵，但是已經來不及了。只聽一聲炮響，周瑜率兵從四面八方殺出。曹仁好不容易從包圍中衝出，退返南郡，又遇東吳伏兵阻截，只得往北逃去。

周瑜大勝曹仁，立即率兵直奔南郡。等周瑜率部趕到南郡，只見南郡城頭佈滿旌旗。原來趙雲已奉諸葛亮之命，乘周瑜、曹仁激戰正酣之時，輕易地攻取了南郡。諸葛亮利用搜得的兵符，又連夜派人冒充曹仁求援，輕易地詐取了荊州、襄陽。周瑜這一回自知上了諸葛亮的大當，氣得昏了過去。

劉備故意挑起戰端，讓周瑜與曹仁酣戰，攪起混水，自己乘亂取勝，占了南郡，然後又順勢奪了荊州和襄陽，沒費吹灰之力就大功告成，可見此計之高明。

第二十一計：金蟬脫殼

【原文】

存其形，完其勢；友不疑，敵不動。巽而止，蠱。

【譯文】

保留陣地原有的外形，保持原有的氣勢，使友軍不懷疑，敵人不敢輕舉妄動。我方卻祕密轉移主力，打擊別處的敵人。

【計名探源】

金蟬脫殼的本意是，寒蟬在蛻變時，本體脫離皮殼而走，只留下蟬蛻還掛在枝頭。此計用於軍事，是指透過僞裝擺脫敵人，撤退或轉移，以達到自己的目的。先穩住對方，然後撤退或轉移，絕不是驚慌失措，狼狽逃跑，而是保存實力，先行撤退，使自己脫離險境。還可用巧妙分兵轉移的機會，出擊另一部分敵人。

司馬懿智用脫殼計　諸葛亮北原破曹兵

在三國演義中，司馬懿與諸葛亮可謂是惺惺相惜的知己，二人各自站在魏、蜀陣營中，並且忠心不二。應該說，諸葛亮幾次伐魏都沒成功，與司馬懿有關，雖然不是主要原因，但也占有主導因素。

孔明六出祁山，與魏軍相持於五丈原，魏軍的主帥仍是老對手司馬懿。孔明用計射死魏將秦朗，大敗魏軍，自此魏軍堅守不出。蜀軍每日搦戰，魏軍仍不出兵，孔明一時無策。

爲了使魏軍出戰，孔明自乘小車，來到祁山前查看渭水東西兩側的地理。忽見一谷，山谷的形狀像葫蘆，其中可容納一千多人；兩山又形成一谷，也可容納四五百人；背後兩山環抱，可通過一人一騎。孔明見了，心中大喜，計上心頭，問嚮導官說：「這個谷叫什麼名字？」嚮導回答說：「這裡名叫上方谷，又稱葫蘆谷。」

孔明回到帳中，召集隨軍工匠一千多人，到葫蘆谷製造木牛流馬。過了數日，木牛流馬全都造好，它們彷彿眞的一般。孔明命令右將軍高翔帶領一千軍兵，用木牛流馬，從劍閣往祁山大寨搬運糧草，供給蜀兵食用。

司馬懿吃了敗仗，心中非常不快，忽然探馬報告說：「蜀兵用木牛流馬搬運糧食，人不用費力，牛馬也不用吃草料。」司馬懿道：「我之所以堅守不出，就是要使蜀軍糧草接濟不上，等他們不戰自潰，諸葛亮用這種方法運糧，一定是爲久戰做準備，不想退兵。這如何是好？」急忙吩咐張虎、樂綝帶兵去搶幾隻木牛流馬。張虎等依命而行，假扮成蜀軍，夜間埋伏在山谷中，果然見高翔率兵驅動木牛流馬運糧。待大隊人馬將過完時，張虎等率兵殺出，蜀兵措手不及，棄下一部分木牛流馬。張虎、樂綝十分高興，立刻驅回本寨。司馬懿大喜，立即命工匠照樣製作二千餘隻。不消半個月功夫便造好了，也能奔走。於是命令鎮遠將軍岑威帶領一支人馬，用木牛流馬去隴西運糧草，往來不絕。

很快，蜀軍把這一消息報告給了諸葛亮：魏兵也會造木牛流馬，還往隴西送糧草。諸葛亮聽罷大喜說：「果然不出我的判斷。」就叫過王平吩咐說：「你帶一支人馬扮作魏軍，連夜過北原，混入他們運糧的軍中，將護糧士兵全部殺散，驅趕木牛流馬往回返，一直奔過北原。魏兵必然在這裡追殺，你們扭轉木牛流馬口中的舌頭後，便丟下木牛流馬逃走。魏兵見到丟下的木牛流馬，牽拽不動，扛抬不起。這時你迅速帶兵殺回，我自帶兵也會趕到。殺散魏兵後，你們再將牛舌頭扭過來，木牛流馬又會活動自如了。」

諸葛亮又喚過張嶷吩咐說：「你帶領五百士兵，扮作六丁六甲神兵鬼頭獸身，以五色油彩塗面，扮作種種怪異之狀，一手執旗，一手持劍，腰懸葫蘆，內藏煙火等物，埋伏起來。等到木牛流馬來時，放煙火一齊衝出，驅趕牛馬而行。魏軍見了，必定懷疑有鬼神相助，不敢追趕。」張嶷領命而去。諸葛亮又命魏延、姜維領兵一萬，去北原接應木牛流馬，命廖化、張翼領五千兵馬去斷司馬懿來路，命馬忠、馬岱帶二千人到渭北搦戰。

王平依計混入魏軍之中，一同驅趕木牛流馬運糧，瞅準機會，殺得魏軍措手不及。王平搶奪了木牛流馬後迅速往回返。逃走的魏兵飛報北原，郭淮聞信，急忙帶兵來救。王平命令兵士扭轉木牛流馬的舌頭，全部棄在道中，且戰且走。郭淮命令不要追趕，趕快驅趕木牛流馬。但木牛流馬紋絲不動，郭淮心中疑惑，忽然鼓角喧天，喊殺聲四起，兩路蜀兵一齊殺來，王平又帶兵殺回，三路夾擊，郭淮大敗而逃。王平令軍士把牛舌頭重新扭轉，驅趕如舊。郭淮看見，剛想帶兵殺回，只見山後煙雲突起，一隊神兵湧出，擁護著木牛流馬而去。郭淮大驚道：「這一定是神兵天將啊！」魏軍見了，無不驚異，不敢追趕。

司馬懿聽說北原兵敗，再也坐不住了，親自率兵來救，正走到半路，忽聽一聲炮響，喊殺聲四起，兩路兵馬分別從不同方向殺出，原來是張翼、廖化來截殺司馬懿。司馬懿毫無防備，被張翼、廖化殺得大敗，單槍匹馬，慌不擇路地朝密林深處逃去。廖化一馬當先追趕過去，眼看就要追上了，司馬懿著急，圍著樹繞圈子。廖化揮刀砍去，正砍在樹上，等拔下刀時，司馬懿早跑出林外。廖化隨後趕出，卻不知司馬懿的去向。只見樹林東邊落下一頂頭盔。廖化撿起頭盔後向東追去。原來司馬懿把頭盔丟在林子東邊，他卻反方向朝西逃去。廖化不知是計，向東追了一程，不見蹤跡，奔出谷口，遇見姜維，同回寨中見到孔明。

司馬懿用的就是「金蟬脫殼」之計，用一頂頭盔撿了一條性命。

孔明借風蒙周瑜　七星壇上巧脫身

赤壁決戰前夕，周瑜引眾將立於山頂，遙望曹操操練水軍，忽見旗角飄飄，周瑜猛然想起一件大事，大叫一聲，往後便倒，口吐鮮血，眾將急忙把周瑜扶起時，周瑜早已不省人事。左右急扶回帳中，眾將都來探視，面面相覷說：「江北百萬大軍虎視眈眈，都督卻病倒了。如果曹兵一到，不知如何？」連忙差人申報吳侯，一面求醫調治。

魯肅見周瑜臥病，心中憂悶，來見諸葛亮，告知周瑜突然病倒之事。諸葛亮笑道：「公瑾的病，我卻能治。」魯肅馬上請諸葛亮同去探望。魯肅先進帳拜見周瑜道：「都督病勢若何？」周瑜說：「心腹攪痛，時而昏迷。」魯肅說：「諸葛亮說能醫好都督的病。現在帳外，請他來醫治，如何？」周瑜應允，令左右扶起，坐在床上。諸葛亮說：「幾天不見都督，不曾想到貴體欠安？」周瑜說：「人有旦夕禍福』，誰能自保？」諸葛亮笑道：「天有不測風雲』，又豈能料到？」諸葛亮說：「都督心中是不是很煩悶？」周瑜說：「是這樣。」諸葛亮說：「必須用涼藥來解。」周瑜說：「已服涼藥，全然無效。」諸葛亮說：「須先理氣，氣順，呼吸之間自然痊癒。」周瑜料諸葛亮必知其意，就用話語挑諸葛亮說：「要想氣順，該服何藥？」諸葛亮笑道：「我有一方，叫都督氣順。」便要來紙筆，屏退左右，密書十六字道：「欲破曹公，宜用火攻；萬事俱備，只欠東風。」寫完，遞給周瑜說：「這是都督病源！」周瑜見了大驚，心想：「諸葛亮眞是神人，早已知我心事，索性把實情告訴他。」於是笑問道：「先生已知我病源，將用什麼藥醫治？事在危急，望馬上賜教。」諸葛亮說：「我雖不才，曾受異人傳授奇門遁甲，可以呼風喚雨。都督若要東南風，可在南屏山建一台，名曰『七星壇』。借三日三夜東南大風，助都督用兵，如何？」周瑜說：「不要說三日三夜，只一夜大風，大事可成，只是不可遲緩。」諸葛亮說：「十一月二十日甲子祭風，至二十二日丙寅風息，如何？」周瑜聞言大喜，馬上命人築壇。

七星壇築成，一切布置妥當，諸葛亮吩咐守壇將士說：「不許擅離方位，不許交頭接耳，不許失口亂言，不許大驚小怪。違令者斬！」眾人領命，諸葛亮緩步登壇，仰天暗祝。其實，諸葛亮哪裡是祭風，不過是為防周瑜加害，故弄玄虛而已。諸葛亮明天文、識地理，熟知長江兩岸氣候，早就算定三日內將刮東南風，所以他在探視周瑜病情時，便編出「曾遇異人傳授奇門遁甲天書，可以呼風喚雨」這樣一篇詭譎之詞來。

到十一月二十日，看看時已近夜，星空朗朗，微風不動，早已心急如焚的周瑜對魯肅說：「諸葛亮之言太荒謬了，隆冬之時，怎麼會有東南風呢？」魯肅說：「估計諸葛亮必不會亂講。」將近三更時分，忽聽風聲響動，周瑜出帳看時，旗角竟飄向西北，霎時間東南風大起。周瑜大驚道：「諸葛亮有奪天地造化之法，鬼神不測之術。若留此人，一定是東吳禍根！不如早早殺掉他。」即命帳前護軍校尉丁奉、徐盛二將，各帶一百人分水旱兩路，到南屏山七星壇去殺諸葛亮。此時，諸葛亮早已離壇，被事先安排在江邊等候的趙雲將軍接去了。待丁、徐二人追來時，只見孔明立於船尾，大笑道：「請回復都督，好好用兵！諸葛亮暫回夏口，異日再容相見。」

此處諸葛亮用的是金蟬脫殼之計，其實諸葛亮根本借不來東風。風雨雷電自然造化，在三國時代，人又豈能控制得了。但諸葛亮知周瑜要加害自己，所以故弄玄虛，言能借風。周瑜不知諸葛亮之計，信以為真。東南風還未刮起，諸葛亮早已扔下空壇返回夏口了。

第二十二計：關門捉賊

【原文】

小敵困之。剝，不利有攸往。

【譯文】

對於弱小的敵人，要加以包圍殲滅。小股敵人力量雖弱，但行動靈活，不宜窮追不捨。

【計名探源】

關門捉賊，是指對實力不如自己的敵人要採取分割包圍、聚而殲之的策略。如果讓對手得以逃脫，情況就會十分複雜。緊追不捨，一怕對方拚命反撲，二怕中敵誘兵之計。

這裡所說的「賊」，是指那些善於偷襲的小部隊，其特點是行動迅速，出沒不定，行蹤難測。通常這種小部隊數量不多，但破壞性卻很強，常會乘我方不備，進行侵擾。

所以，對這種「賊」，不可讓其逃跑，而要斷其後路，聚而殲之。當然，此計運用得好，絕不只限於「小賊」，甚至可以圍殲敵人的主力部隊。

戰國後期，秦國攻打趙國。秦軍在長平（今山西高平北）受阻礙。

長平守將是趙國有名大將廉頗，他見秦軍勢力強大，不能硬拚，便讓部隊堅壁固守，不與秦軍交戰。

兩軍相持日久，秦軍仍拿不下長平。秦王採納了范睢的建議，用離間法讓趙王懷疑廉頗，趙王中計，調回廉頗，派趙括爲將，到長平與秦軍作戰。

趙括到長平後，完全改變了廉頗堅守不戰的策略，主張與秦軍決一死戰。秦將白起有意，使趙括的軍隊取得了幾次小勝利。

趙括嘗到甜頭後就得意忘形，派人到秦營下戰書。此舉正中白起的下懷。他分兵幾路，對趙軍進行包圍。

第二天，趙括親率四十萬大軍，來與秦兵決戰。由於秦軍與趙軍幾次交戰，都打輸了。趙括志得意滿，哪裡料到敵人用的是誘敵之計。他率領大軍追趕佯敗的秦軍，一直追到秦營。秦軍堅守不出，趙括一連數日攻克不下，只得退兵。

這時突然得到消息：自己的後營已被秦軍攻占，糧道也被截斷。秦軍已把趙軍全部包圍起來。一連四十六天，趙軍糧草斷絕，士兵殺人相食，趙括只得拚命突圍。

白起已嚴密部署，多次擊退企圖突圍的趙軍，最後，趙括中箭身亡，趙軍大亂，四十萬大軍全軍覆沒。

趙括只會「紙上談兵」，並不知眞正的用兵之道，剛上戰場就中了敵軍「關門捉賊」之計，自己身死事小，損失四十萬大軍事大。

從此趙國一蹶不振，可見一個高明的統帥可以拯救一個國家，以庸才爲帥，足可以毀滅一個國家。

關羽水淹七軍　于禁被困遭擒

在三國演義中，關羽似乎是一位傳奇英雄，剛一出道，便溫酒斬華雄，三英戰呂布，何其英勇；爲報答劉備知遇之恩，千里走單騎，過五關斬六將，何其忠義；獨鎮荊州，單刀赴會，刮骨療毒，何其雄闊。其實關羽之勇還不止這些，諸如斬顏良、誅文丑等。而水淹七軍更顯其勇略兼備。

水淹七軍是指曹操派去增援樊城的七路大軍，七軍主帥是曹操的大將于禁。樊城是曹操的軍事重地，由曹仁把守，關羽攻打甚急，曹仁請求支援，於是，曹操派于禁率兵前來增援。于禁的七路大軍與關羽遭遇後，交過幾次鋒，互有勝負。

于禁見一時不能取勝，於是移七軍轉過山口，離樊城北十里安營紮寨。關羽聽說于禁移七軍於樊城之北下寨，便帶領數十名親兵登高遠望，察看曹軍的動靜。

關羽見樊城城上旗號不整，軍士慌亂，城北十里山谷之內，駐紮著于禁率領的七軍，又見襄江水勢甚急，看了半晌，便有了主意，急喚嚮導官問道：「樊城北十里山谷，是什麼地方？」嚮導官回答說：「罾口川。」

關羽大喜道：「于禁一定會被我捉住。」

左右問道：「將軍怎麼知道一定能生擒于禁？」

關羽笑著說：「魚入罾口，還能長久嗎？」諸將並不相信關羽的說法。當時季節正是八月，暴雨一連下了數日未停。關羽命人預備船筏，收拾水具備戰。

關平不解，問道：「陸地相戰，爲什麼準備水具？」

關羽回答說：「這不是你所能知道的。于禁的七軍不屯於廣闊地帶，卻聚於罾口川險隘之處。如今秋雨連綿，襄江之水必然上漲，我已派人堵住各處水口，待江水上漲時，乘高就船，放水一淹，樊城罾口川的曹兵豈不都成了魚鱉了嗎？」關平拜服。

于禁的七路大軍屯於罾口川，連日大雨不止，督將成何來見于禁說：「大軍屯於川口，地勢很低，雖有土山，但離營太遠。現在秋雨連綿，軍士艱苦，而且荊州兵移營到高處，並在漢水口預備戰筏，如果江水泛漲，我軍就危險了，應早做打算。」

于禁喝斥道：「匹夫擾亂軍心！如再多言定斬之！」成何憤恨而退，來見先鋒官龐德述說此事，並建議龐德提早準備。

龐德說：「你提的意見很恰當。于將軍不肯移兵，我明日自己移軍屯於別處。」

成何、龐德剛剛商議完畢，這一夜風雨大作。龐德坐於帳中，只聽得萬馬爭奔。

龐德大驚，急出帳上馬看時，四面八方，大水驟至，七軍亂竄，隨波逐浪者不計其數。

平地水深丈餘，于禁、龐德與諸將各登小山避水。等到天剛放亮，關羽及眾將都搖旗吶喊，乘大船而來。于禁見四下無路，左右只有五六十人，自知不能逃生，於是投降關羽。此時龐德及成何等五百士兵，皆無衣甲，站在土山上。關羽命戰船四面圍定，軍士一齊放箭，射死魏兵大半。

龐德全無懼怯，奮然前來接戰。眾士兵見龐德如此，於是皆奮力向前。自早晨戰至中午。關羽催四面急攻，箭矢如雨。最後只剩龐德一人力戰，龐德見有小船近岸來，便提刀飛身一躍，跳上小船，殺十餘人，其他人都浮水逃命。龐德一手提刀，一手使舵，向樊城方向划去。這時周倉撐大筏衝來，將小船撞翻，龐德落水。周倉跳下水去生擒龐德。這就是關羽水淹七軍的過程。由此一役，關羽更是英名遠播。

關羽破于禁、擒龐德用的是「關門捉賊」之計。當關羽得知于禁在罾口川紮營，就想好了用水攻破敵的辦法，連降大雨，襄江水位上漲，關羽命人決堤放水「關好門」，大水把于禁、龐德困住時再「捉賊」。

下邳城曹操關門　白門樓呂布殞命

曹操率兵攻打呂布，得了徐州，非常高興。呂布率殘兵退守下邳城，曹操必要生擒呂布，所以率兵攻打下邳。呂布在下邳，自恃糧食足備，且有泗水之險，安心坐守，可保無恙。

陳宮獻計道：「現今曹兵剛到，可乘其寨柵未定，以逸擊勞，定能大獲全勝。」

呂布說：「我軍屢敗，不可輕出。待曹兵來攻時再擊不遲。」不聽陳宮之言。

沒過幾日，曹兵下寨已定。曹操統眾將至城下，大叫呂布答話，呂布站在城頭之上，曹操對呂布說：「聽說奉先又要許婚袁術（此前呂布要把女兒嫁給袁術之子），我所以領兵至此。袁術有反逆大罪，而將軍有討董卓之功，現今爲何自棄前功反而結納逆賊呢？倘若城池一破，後悔晚矣！若及早投降，共扶王室，當不失封侯之位。」

呂布道：「丞相且退，容我商議。」陳宮在呂布一旁大罵曹操奸賊，並一箭射中其麾蓋。

曹操指著陳宮發恨說：「我一定要殺掉你！」於是引兵攻城。

陳宮對呂布說：「曹操遠來，不能長久。將軍可以率兵屯於城外，我率領其餘人等閉守城內。曹兵若攻將軍，我率兵擊其背；曹兵若來攻城，將軍則攻其後；過不了多久，曹操軍糧一盡，可一鼓而破，這是犄角之勢。」

呂布大喜：「先生所言極是。」於是回府收拾戎裝，呂布之妻嚴氏忙問：「將軍要去哪裡？」呂布告以陳宮之謀。

嚴氏說：「您統兵守城，丟下妻子，孤軍遠出，倘一旦有變，我還能是將軍的妻子嗎？」呂布躊躇未決，三日不出。

陳宮入見說：「曹軍四面圍城，若不早出，必受其困。」

呂布說：「我認爲出城屯紮不如堅守。」

陳宮說：「最近聽說曹軍糧少，派人往許都去取，早晚將至。將軍可引精兵往斷其糧道。此計更妙。」

呂布聽完後，又入內對嚴氏說知此事。嚴氏泣說：「將軍若出，陳宮、高順安能堅守城池？倘有差失，悔之晚矣！妾昔日在長安，已被將軍所棄，好不容易才與將軍相聚。誰知又棄妾而去？將軍前程萬里，請勿以妾爲念！」言罷痛哭。

呂布聽完愁悶不決，入告貂蟬，貂蟬說：「將軍與妾做主，勿輕身自出。」呂布說：「你不要憂慮。我有畫戟、赤兔馬，誰敢近我！」於是出來對陳宮說：「曹軍糧草將至，不是眞的。曹操詭計多端，不要輕舉妄動。」陳宮出來歎道：「我等都要死無葬身之地矣！」呂布終日不出，只同嚴氏、貂蟬飲酒解悶。

謀士許汜、王楷獻計呂布：「今袁術在淮南，聲勢大振。將軍舊曾與彼約婚，今何不求之？」呂布忙派張遼護送許汜、王楷出城搬請救兵，許汜、王楷二人說明呂布之意，袁術道：「奉先反覆無信，可先送女，然後發兵。」許汜、王楷只得拜辭。

許汜、王楷回見呂布，具言袁術之意，呂布說：「如何送去？」許汜說：「兩番闖營，曹操必知我情，除非將軍親自護送，其他誰能突出重圍？」當下，呂布命張遼、高順：「引三千軍馬，安排小車一輛；我親送至二百里外，然後你二人送去。」次夜二更時分，呂布將女兒用甲包裹，負於背上，提戟上馬。放開城門，呂布當先出城，張遼、高順跟著。將要到劉備寨前，一聲鼓響，關羽、張飛二人攔住去路，大叫：「呂布休走！」呂布無心戀戰，只顧奪路而行。劉備也引軍殺來，兩軍混戰。呂布雖勇，終是縛一女在身上，只恐有傷，不敢衝突重圍。後面徐晃、許褚皆殺來，曹軍大叫：「不要放走了呂布！」呂布見衝不出去，只得退入城中。呂布回到城中，心中憂悶，只是飲酒。

曹操攻城，兩月不下。便有動搖之心，因此對眾人說：「北有袁紹之憂，東有劉表、張繡之患，下邳久圍不克，我欲退兵還許都，暫且息戰如何？」荀攸急忙制止：「不可。呂布屢敗，銳氣已墮，軍以將爲主，將衰則軍無戰心。陳宮雖有謀略，但設謀遲緩。現今呂布元氣未復，陳宮之謀未定，可速攻城，呂布可擒。」郭嘉說：「我有一計，下邳城可立破，勝於二十萬師。」荀攸說：「莫非決沂、泗之水，以淹下邳？」郭嘉笑道：「正是此意。」曹操大喜，馬上令軍士決兩河之水。曹兵皆居高處，坐視水淹下邳。眾軍飛報呂布，呂布說：「我有赤兔馬，渡水如平地，又何懼哉！」仍然與妻妾痛飲美酒，因酒色過度，面容憔悴。

一日，呂布取鏡自照，驚歎：「我被酒色傷了！自今日起，當戒之。」遂下令城中，但有飲酒者皆斬。

呂布部將侯成有馬十五匹，被後槽人盜去，欲獻給劉備。侯成知道後，追殺後槽人，將馬奪回。

諸將向侯成祝賀，侯成釀得五六斛酒，要與諸將會飲，怕呂布怪罪，於是先把酒送到呂布府中，稟告說：「託將軍虎威，追得失馬。眾將都來祝賀。釀得些酒，未敢擅飲，特先奉上。」

呂布大怒道：「我剛下令禁酒，你卻釀酒會飲，莫非你要害我嗎！」命推出斬首。宋憲、魏續等諸將求請，呂布這才打了五十背花，然後放歸。眾將無不喪氣。

宋憲、魏續至侯成家來探視，侯成哭著說：「如果不是諸位將軍，我命難保！」

宋憲說：「呂布只戀妻子，視我等如草芥。」

魏續說：「軍圍城下，水繞壕邊，我等死期將至！」

宋憲說：「呂布無情無義，不如我等棄之而走？」

魏續說：「不如擒住呂布獻給曹操。」

侯成說：「呂布所倚恃的是赤兔馬。你二人如果能獻城擒呂布，我當先盜馬去見曹操。」三人商議定了。

於是，侯成趁夜暗至馬院，盜了那匹赤兔馬，飛奔東門來。魏續便開門放出，卻佯作追趕之狀。侯成到曹操寨，獻上赤兔馬，備言宋憲、魏續插白旗爲號，準備獻城。

曹操大喜，便押榜數十張射入城去。其榜曰：

大將軍曹操，特奉明詔，征伐呂布。如有抗拒大軍者，破城之日，滿門誅戮。上至將校，下至庶民，有能擒呂布來獻，或獻其首級者，加官重賞。為此榜諭，各宜知悉。

第二天，城外喊聲震地。呂布大驚，提戟上城，各門點視，責罵魏續走逃侯成，失了赤兔馬，欲待治罪。城下曹兵望見城上白旗，竭力攻城，呂布只得親自抵抗。從早晨直打到日中，曹兵稍退。呂布少憩門樓，不覺睡著在椅上。宋憲趕退左右，先盜其畫戟，便與魏續一齊動手，將呂布繩纏索綁，緊緊縛住。呂布從睡夢中驚醒，急喚左右，卻被宋憲、魏續殺散，把白旗一招，曹兵齊至城下。魏續大叫：「已生擒呂布矣！」夏侯淵尚不相信。宋憲在城上扔下呂布畫戟來，打開城門，曹兵一擁而入。

高順、張遼在西門，水圍難出，爲曹兵所擒。陳宮奔至南門，被徐晃擒住。曹操入城，傳令排水，出榜安民。一面與劉備同坐白門樓上。關羽、張飛侍立一旁，呂布被繩索捆作一團，大叫：「縛得太急，鬆一點！」

曹操說：「捆老虎不能不緊啊。」

呂布見侯成、魏續、宋憲皆站在一旁，說道：「我待諸將不薄，你等爲何背叛我？」宋憲說：「你聽妻妾的話，不聽眾人的計謀，這叫什麼不薄？」呂布默然。呂布見劉備坐在那裡，說道：「您爲坐上客，我爲階下囚，爲何不說話爲我講情呢？」劉備點頭。

這時呂布又對曹操說：「您所擔心的，不過是我呂布，我今天願意歸順將軍。您爲大將，我爲您率領騎兵，不愁天下不定。」

曹操有些猶豫，問劉備：「何如？」

劉備答道：「您不見丁建陽、董卓的事嗎？」

曹操一驚，下令絞殺呂布。

呂布大罵劉備：「大耳賊！不記『轅門射戟』了嗎（呂布曾用『轅門射戟』的辦法，為劉備解除過一場危難）？」

縱觀此次戰役，曹操有四勝，呂布有四敗。

第一，曹操新勝，呂布剛敗，得勝之師擊敗軍之將，曹操因何不勝，呂布因何不敗。

第二，曹操對眾謀士的意見言聽計從，呂布唯陳宮一人而已，卻不採納他的謀略。

第三，曹操士氣高昂，呂布自我消沈，毫無鬥志。

第四，曹操厚待下屬，呂布不知體恤下屬。

其實，曹操還有一個優勢，就是以數倍於呂布之師困呂布於下邳城內，關好門戶，只等時機一到，便可捉賊。呂布第二次拒絕陳宮的謀略後，就已成甕中之鱉了。

第二十三計：遠交近攻

【原文】

形禁勢格，利從近取，害以遠隔。上火下澤。

【譯文】

地理位置受到限制，形勢發展受到阻礙時，攻擊近處的敵人對自己有利，攻擊遠處的敵人對自己有害。火焰是向上竄的，澤水是向低處流的，萬事萬物的發展變化無不如此。

【計名探源】

遠交近攻，語出《戰國策．秦策》。范雎曰：「王不如遠交而近攻，得寸，爲王之寸，得尺，亦爲王之尺也。」這是范雎說服秦王的一句名言。

遠交近攻，是分化瓦解敵方聯盟，各個擊破，結交離自己遠的國家而先攻打鄰國的戰略性謀略。

當自己的行動受到地理條件的限制而難以達到時，應先攻取就近的敵人，不能越過近敵去打遠離自己的敵人。

爲了防止敵方結盟，要千方百計去分化敵人，各個擊破。先消滅近敵。之後，「遠交」的國家又成為新的攻擊對象了。

「遠交」的眞正目的，實際上是為了避免樹敵過多而採用的外交誘騙手段。

曹操送禮交呂布　袁術求親失韓胤

在三國演義中，曹操不但仗打的好，耍陰謀更有一套。曹操想要討伐張繡，又怕呂布發兵進攻許都，便採用了「遠交近攻」之計，以漢丞相的名義，派王則給呂布送去了很多禮物，以表示和呂布交好，做完了這些之後，曹操率領十五萬大軍殺奔宛城。

王則奉命來到徐州，呂布迎入府內。曹操奏請天子封呂布為平東將軍，特賜印綬。事畢又拿出曹操的信函。

王則在呂布面前極力地講述曹操的相敬之意，呂布聽得十分得意。

忽報袁術的使者到了，呂布叫進問他，使者說：「袁將軍早晚就要即皇帝位，立東宮，現接皇妃早到淮南。」呂布憤怒地說：「反賊無禮！」

這是怎麼回事呢？原來，袁術的部將紀靈奉命追殺劉備，呂布用「轅門射戟」的方法罷了兩家的爭鬥。

紀靈不敢多言，回淮南向袁術說了呂布轅門射戟和解之事，袁術勃然大怒，說：「呂布要了我許多糧食，反以兒戲般地偏袒劉備。我要親率大軍討伐劉備，同時兼討呂布！」

紀靈說：「將軍不要輕率從事，呂布勇力過人，兼有徐州之地，如果您大兵一到，他與劉備聯合，不易戰勝。我聽說呂布有一女，已到了談婚論嫁的年齡了。將軍有一位公子，可派人向呂布求親。呂布如果把女兒嫁給公子，他必殺劉備。這是『疏不間親』之計。」袁術同意，立即派韓胤帶著禮物去徐州求親。

韓胤到徐州見呂布，說：「我家主公仰慕將軍英名，想求令愛爲兒婦，永結秦晉之好。」呂布與妻子嚴氏商量，嚴氏說：「我早就聽說袁術久鎭淮南，兵精糧足，早晚能得天下，如果能促成此事，那麼女兒有望成爲貴妃。只是不知袁術有幾個兒子？」

呂布說：「只有一個兒子。」

嚴氏說：「既然如此，應當立刻答應，縱然不能成爲皇后，那徐州也無憂了。」

於是，呂布許了親事，款待韓胤。並安排韓胤在驛館休息。

第二天，陳宮到驛館看望韓胤，令左右退下，對韓胤說：「誰獻的這個計策，叫呂布與袁術聯姻？這不是要劉備的性命嗎？」

韓胤大吃一驚，起身謝道：「請您不要洩漏出去。」

陳宮說：「我不會說出去，如果這件事再推遲，一定會被別人識破，就會中途有變。」

韓胤說：「如果是這樣該怎麼辦？請您指教。」

陳宮說：「我現在去見呂布，讓他馬上送女兒成親，如何？」

韓胤說：「太好了，袁將軍一定會感激您的。」

陳宮辭別韓胤去見呂布，說：「當今天下諸侯，相互爭雄。您與袁術結親，能保證諸侯沒有嫉妒的嗎？如果再拖延時間，或乘我良辰，半路設伏襲擊，那該怎麼辦？唯一的辦法是，不答應就算了；既然答應了，就趁著諸侯還不知道時，把女兒送到壽春，暫住別處，擇吉日完婚，豈不萬無一失。」

呂布連連點頭，並轉告嚴氏，連夜置辦嫁妝，收拾寶馬香車，令宋憲、魏續送女前去。當時鼓樂喧天，把女兒送出城外。

這件事驚動了在家養老的陳圭，他聽到鼓樂之聲，就問身邊的人。左右告訴是呂布與袁術結親，陳圭說：「這是疏不間親之計，要取劉備的性命！」於是抱病來見呂布，說：「聽說將軍要死，特來吊喪。」

呂布不高興地說：「這是什麼話？」

陳圭說：「起先，袁術送給您金帛，希望您殺劉玄德，卻被將軍用射戟的辦法化解了。現在又向您求親，意思是想把您的女兒當做人質，隨後便來進攻劉備。如果小沛失守，徐州也就危險了。即便不是這樣，袁術或者來借糧，或者來借兵，如果答應他，對您沒什麼好處，還會得罪人；如果不答應，就會不顧親情而起戰禍。況且，我還聽說袁術有稱帝的意思，那叫造反。他如果造反，您就是反賊的親屬，那麼天下還能容您嗎？」

呂布恍然大悟，趕緊令張遼帶兵追趕，追了三十多里，才把女兒追回。韓胤也被拿下監禁。

陳圭讓呂布把韓胤押解到許都，呂布猶豫不定。

這就是「迎娶皇妃」的過程，現在聽說袁術派人催他女兒去成親，所以呂布大怒，於是殺了來使，命陳登帶著謝表，押解韓胤，同王則一起到許昌去見曹操。

曹操看了謝表及呂布的答謝信，信中呂布要求實授徐州牧。曹操知道呂布拒絕了袁術的求婚，很高興。於是斬了韓胤。

陳登私下裡對曹操說：「呂布是狼子野心。有勇無謀，對於與他人往來一向輕率，應該想辦法消滅他。」

曹操說：「我早就知道呂布是個豺狼，實在難以久養。只有你們父子才會看清實質，你應該給我出主意呀！」

陳登說：「丞相如果興兵，我一定會做內應。」

曹操十分高興，贈陳圭十年俸祿二千石，封陳登爲廣陵太守。

臨離別時，曹操拉著陳登的手，說：「東邊的事，就託付給你了。」陳登點頭應允。

陳登回到徐州見呂布，呂布問及此事，他說：「父親得到贈祿，我被封爲廣陵太守。」

呂布很不高興，說：「你不爲我要徐州牧，卻爲自己求爵祿！你父親叫我與曹操合作，拒絕與袁術結親。現在，我所要的一無所獲，而你父子二人全都得到顯貴。我被你們父子出賣了。」

於是拔劍要殺陳登。

陳登大笑說：「將軍你爲什麼不明白呢？」

呂布問：「我不明白什麼呢？」

陳登說：「我對曹操說養將軍如同養虎，當吃飽肉；不飽就要傷人了。曹操卻笑著說：『並不像你說的，我待溫侯如養蒼鷹，狐狸兔子還沒抓完呢，豈能先餵飽呢？餓著他自有用處，如果飽了，又怎麼去抓狐狸和兔子呢？』我問：『那誰又是狐狸和兔子呢？』曹操說：『淮南的袁術，江東的孫策，冀州的袁紹，荊州的劉表，益州的劉璋，漢中的張魯，全是狐狸、兔子。』」

呂布扔下劍大笑說：「曹操算是眞正瞭解我啊！」

曹操用「遠交近攻」之計，籠絡住了呂布，免去後顧之憂，也好專心討伐張繡。

東吳自古出英雄　遠交魏國近攻蜀

蜀漢章武元年秋八月，劉備爲了給關羽報仇，不顧群臣勸阻，親率大軍伐吳，兵至夔關，駕屯白帝城，大有一口吞下江東之勢。

孫權見劉備來勢洶洶，料定難以抵擋，特派諸葛瑾爲使者前去說和，兩家願重歸於好，被劉備斷然拒絕。

諸葛瑾回江東見孫權說明此事，孫權大驚，說道：「如果眞是如此，那麼江東就危險啦！」

這時中大夫趙咨獻計說：「我有一計，可解此危急。」

孫權忙問：「德度有何良策？」

趙咨說：「主公可作一表，我願意爲使者，去見魏帝曹丕，歸附於魏，然後陳說利害，使其襲擊劉備的漢中，那麼蜀兵必然危矣。這叫遠交近攻之計。」

孫權說道：「此計很好。但卿此去，不要失了東吳的顏面。」

趙咨說：「若有些小差失，立即投江而死，怎有面目見主上和江東父老！」

孫權大喜，當即寫表稱臣，令趙咨爲使。星夜到了許都去見曹丕，近臣通報曹丕。

曹丕笑道：「這是遠交近攻之計，如今劉備攻勢甚急，吳國怕我與蜀兵聯合進攻。」立即下令召入。

趙咨見曹丕行過大禮後，遞上孫權的表章。曹丕看完表後，就問趙咨：「吳侯孫權是一個怎樣的人物啊！」趙咨回答道：「聰明、仁智、雄略之主也。」

曹丕笑道：「先生是不是有意誇獎啊？」

趙咨說：「臣並非有意誇獎。吳侯結納魯肅於凡人中間，是其聰也；提拔呂蒙於行伍之中，是其明也；抓住于禁而不加害於他，是其仁也；取荊州兵不血刃，是其智也；據三江虎視天下，是其雄也；屈身於陛下，是其略也。以此論之，豈不爲聰明、仁智、雄略之主乎？」

曹丕又問道：「吳主孫權是不是很有學問呢？」

趙咨答道：「吳主占據江東，有戰艦萬艘，威武雄壯的士兵上百萬人，並且任用賢能，心存經略天下之志。只要一有空閒，便博覽群書，典籍經史，抓住中心主旨，不像一般的書生只會死讀書，斷章取義。」趙咨的回答一針見血、不卑不亢、擲地有聲。

曹丕又說：「我要討伐吳國，可以嗎？」

趙咨答道：「魏國是大國，有徵伐小國的能力，吳國是小國，小國也有防禦的力量。」

曹丕不甘心，又問道：「吳國懼怕魏國嗎？」

趙咨答道：「武裝的戰士上百萬，又有長江天險，有什麼好怕的呢？」趙咨這一回答，等於給曹丕不軟不硬吃了顆釘子。

曹丕說：「東吳像你這樣的人有多少？」

趙咨答道：「聰明練達的人有八、九十人；至於像我這樣的人，可以用車載用斗量，不可勝數。」

曹丕歎道：「出使四方，不辱君命，先生足可擔當大任。」於是降詔，封孫權爲吳王，加九錫。趙咨謝恩出城。

曹丕既然封賞孫權，定不出兵攻打吳國，至此吳國「遠交」的目的達到，便可集中全力對付蜀國。

第二十四計：假途伐虢

【原文】

兩大之間，敵脅以從，我假以勢。困，有言不信。

【譯文】

位於敵我兩個大國之間的小國，當敵方脅迫它屈服的時候，我方要立即出兵援助，並藉機把自己的力量滲透進去。對於處於困境的國家，只有空話而無實際援助，是不能取得信任的。

【計名探源】

假道，是借路的意思。語出《左傳．僖公二年》：「晉荀息請以屈產之乘，與垂棘之璧，假道於虞以滅虢。」

處在敵我兩大國中間的小國受到別人武力威脅時，第三者常以出兵援助的姿態，把力量滲透進去。然而，對處在夾縫中的小國，只用甜言蜜語而無實際行動，是不會取得信任的，援助國往往以「保護」或給予「好處」爲名，火速進軍，控制其局勢，使其喪失自主權；再適時襲擊，就可輕易地取得勝利。

春秋時期，晉國想吞併鄰近的兩個小國虞和虢。這兩個國家之間關係很好。晉如襲虞，虢會出兵救援；晉若攻虢，虞也會出兵相助。大臣荀息向晉獻公獻上一計。他說，要想收服這兩個國家，必須離間它們，使它們反目成仇。虞國的國君貪得無厭，正可以投其所好。他建議晉獻公拿出心愛的兩件寶物，屈産良馬和垂棘之璧，送給虞公。獻公哪裡捨得！荀息說：「大王放心，只不過讓他暫時保存罷了，等滅了虢國再滅虞國，一切不都又回到您的手中了嗎？」獻公依計而行。虞公得到良馬美璧，高興得嘴都合不攏。

晉國故意在晉、虢邊境製造事端，找到了伐虢的藉口。晉國要求虞國借道讓晉國伐虢，虞公得了晉國的好處，不得不答應。虞國大臣再三勸說虞公，不要這樣。虞虢兩國，唇齒相依，虢國一亡，唇亡齒寒，晉國是不會放過虞國的。虞公卻說，交弱捨強，那才是傻瓜哩！

晉大軍借道虞國，攻打虢國，不久就取得了勝利。班師回國時，把劫奪的財産分了許多送給虞公。虞公大喜過望。晉軍大將里克，這時佯裝生病，稱不能帶兵回國，暫時把部隊駐紮在虞國京城附近。虞公毫不生疑。幾天之後，晉獻公親率大軍前來虞國，虞公出城相迎。

獻公約虞公前去打獵。不一會兒，只見京城中起火。虞公趕到城外時，京城已被晉軍裡應外合強占了。就這樣，晉國沒費吹灰之力就滅掉了虞國。

劉備假途占西川　劉璋失策丟益州

諸葛亮在隆中三分天下時，就爲劉備謀劃好了，占據西川，與曹操、孫權鼎足而立。但西川一直爲劉璋所有。劉璋，字季玉，是劉焉之子，漢魯恭王之後。興平元年劉焉做益州牧時，病死任所。劉璋在臣僚的輔佐下，自領益州牧。

當時，張魯爲漢中太守。劉璋曾經殺了張魯的母親和弟弟，所以雙方結仇。劉璋封龐羲爲巴西太守，抵禦張魯。張魯要攻取西川，龐羲急忙報知劉璋。劉璋軟弱無能，聽到這個消息，心中十分害怕，不知如何應對，忙召集眾官員商議。

這時，益州別駕張松挺身而出，說：「我聽說曹操擒呂布、滅袁術、破袁紹，掃蕩中原，新近又擊敗了馬超，可稱天下無敵。請主公準備厚禮，我親自去許都說服曹操進攻漢中，那時，張魯只顧抗拒曹操，便顧不上侵犯蜀中了。」劉璋十分高興，準備金銀錦綺作爲禮物，派張松爲使者，去許都遊說曹操。

其實，張松並非去遊說曹操，他見劉璋無能，而是打算另尋明主。所以，張松暗地裡畫了西川地理圖藏好，帶著幾個隨從直奔許都。

張松到了許都，安置妥當後，每天都到相府求見曹操，結果連去三日都沒見到曹操。原來，曹操自從大破馬超後，很是得意，每日飲宴，很少出門，國家大事幾乎全在相府處理。

張松等候了三天，托人賄賂了曹操左右近侍，才向曹操通報姓名被引進相府。張松見過曹操，禮畢後，曹操問道：「你家主人劉璋爲什麼連年不進貢？」張松回答說：「因爲路途遙遠艱險，賊寇打掠，故此不能順利進貢。」曹操大怒說：「我已掃清中原，哪來的盜賊？」張松說：

「南有孫權，北有張魯，東有劉備，他們率兵割據一方，這豈能說是太平？」

曹操見張松額頭突出，頭頂尖尖，仰鼻露齒，身高不過五尺，形象猥瑣，便有幾分不喜。又見他言語魯莽衝撞，便拂袖而起轉入內堂。

左右對張松說：「你身為使者，卻不懂禮數，一味衝撞丞相，幸虧丞相看你是遠來客人，沒降罪於你。你趕快回去吧！」張松笑著說：「蜀中沒諂媚阿諛之人。」

張松正想辭回，卻被相府主簿楊修挽留。楊修入見，對曹操說張松是能人。曹操對楊修說：「來日在教場點軍，以示軍容之盛，請張松前來參觀。」

第二天，曹操親點虎衛軍五萬，只見盔明甲亮，金鼓震天，旌旗飛揚，人馬騰空。

曹操問張松：「蜀中有無如此雄壯虎士？」張松說：「未有，但蜀中以仁義治人。」

曹操很不高興，又問：「我視天下諸侯如草芥。大軍所向，無往不勝，你知道嗎？」張松說：「丞相攻必取、戰必勝，我聽說過。如濮陽攻呂布，宛城戰張繡，赤壁遇周郎，華容逢關羽，又如潼關割鬚棄袍，渭水奪船避箭，這全是無敵於天下啊！」曹操聞聽勃然大怒，喝令左右推出去斬了。多虧楊修說情，曹操才令亂棒打出。

張松並不久待，連夜出城，心想：我本想把西川州郡獻給曹操，誰知曹操如此傲慢！我來時已誇下海口，如果空回必遭人恥笑。聽說劉備仁義，不如繞道荊州，看劉備如何。

張松來到郢州界口，趙雲早就率五百騎兵在那裡等候。趙雲說：「因先生長途跋涉，我奉主公劉玄德之命特獻此酒食。」說罷，令軍士跪獻酒食。張松與趙雲同飲數杯，上馬同行。來到館驛，又見關羽帶領百餘人侍立門外，擊鼓相迎。

關羽說：「奉兄長之命，灑掃館驛，恭候先生歇息。」進入館驛，關羽、趙雲殷勤勸酒，直至深夜方才罷宴休息。

第二天，劉備盛情款待張松，一連三日如此，不提西川之事。張松告辭返回，劉備在十里長亭設宴相送。

張松見劉備如此寬厚待人，至今沒有落腳之地，便主動提出：「荊州東有孫權，常懷虎踞之意；北有曹操，總有鯨吞之心，所以並非皇叔安身之所。益州天然險峻，沃野千里，國富民殷。又有眾多智慧之士，都久慕皇叔品行，如果率荊州之兵，進取西川，那麼大事可成，漢室可興啊！」

劉備說：「劉璋也是漢室宗親，不忍心奪他的屬地啊！」張松說：「劉璋軟弱無能，現在張魯在北虎視益州，益州官員人心離散，思得明主。我本來想把西川送給曹操，沒想到曹操傲賢慢士，所以特地來見皇叔。如果皇叔先取西川，然後北取漢中，伺機收取中原，必將名垂青史。皇叔如有取西川之意，我願做內應，不知皇叔意下如何？」

劉備說：「我聽說蜀道崎嶇難行，又如何取得下西川呢？」張松立刻從袖中取出一卷圖紙，遞給劉備。

劉備展開觀瞧，方知是西川地圖，上面詳細地寫著地理概況、遠近行程、道路寬窄，山川要塞，庫府錢糧等都標注得明明白白。

張松說：「皇叔可立刻行動，我心腹好友法正、孟達二人必能相助。」說完辭別劉備返回西川。

張松回益州複命劉璋說：「荊州劉備，與主公同宗，寬厚仁慈，頗有長者之風。赤壁之戰曾大破曹操，何況張魯之流？主公不如派使者與劉備結好，作爲外援，這樣何懼張魯呢？」劉璋忙問：「誰能擔此重任？」張松說：「除了法正、孟達外，別人辦不了這件事。」劉璋立即令法正爲使臣，先與劉備通好，又派孟達率領精兵五千，前去迎接劉備入川。

法正奉命來到荊州見劉備，劉備大喜。於是請諸葛亮、龐統共同商議進西川之事。諸葛亮說：「荊州重地，一定要重兵把守。」劉備說：「我與龐統、黃忠、魏延前往西川，軍師與雲長、翼德、子龍同守荊州如何？」諸葛亮欣然應允。

於是，劉備帶兵向西川進發。才進西川地界沒多久，孟達率兵迎接。劉備派人到益州報告，劉璋自己已進西川。

劉璋命沿途州郡供給錢糧，然後準備親自出涪城迎接劉備。主簿黃權叩頭流血忠諫道：「主公此去，必被劉備所害，萬萬不可親往。」劉璋執意不聽。

第二天，劉璋率人出榆橋門，有人報告：「從事王累自用繩索倒懸在城門之上，一手拿著諫章，一手持劍，並稱如納諫不從，便割斷繩索撞死在城下。」劉璋看完諫章，大怒說：「我與劉備相會，如近芝蘭，爲什麼屢次阻止我呢？」結果，王累自斷繩索，大叫一聲撞地而死。

劉備與劉璋相遇於涪城，涪城離成都三百六十里，兩軍都屯兵於涪江之上。劉備進城去見劉璋，相互見面各敘兄弟之情，揮淚不止。

劉備宴罷回營，龐統、法正勸劉備在席間殺掉劉璋，如此西川便唾手可得。劉備卻說：「我剛到蜀中，恩德、信義未立，絕不能做這種事。」

劉備入川不久，忽報張魯侵犯葭萌關，劉璋便令劉備前去拒敵。劉備到了葭萌關，廣施恩惠，收買人心，結果，劉備贏得民心。

一天，忽聞曹操想進兵東吳。龐統讓劉備以援東吳爲藉口，向劉璋借精兵三四萬，軍糧十萬斛相助。劉璋的臣僚極力反對此事，並稱現已是引狼入室了，再借錢糧，無異於使劉備如虎添翼。劉璋撥老弱四千人馬，米一萬斛，發書遣使送給劉備。

劉備見狀大怒，撕毀書信，大罵使者。親自帶兵回涪城，用計殺了守將楊懷、高沛。劉璋聞訊大驚，忙派冷苞、張任、鄧賢等點五萬大軍，前往雒縣抵擋劉備。諸葛亮和張飛得到消息，分兵兩路殺奔西川。

劉備用計占了雒城。雒城已陷，劉備又用諸葛亮之計得了綿竹、葭萌關，然後兵發成都，劉璋大驚，嚇得面如土色，對眾臣說：「全是我的過錯，後悔沒用了。不如開門投降，以救滿城百姓。」

第二天，劉璋向劉備投降。從此，劉備有荊州、益州這兩個富庶之地，曹操、孫權、劉備三足鼎立的格局正式形成。

用計須防施計人　周瑜假途遭伏擊

劉備用計從孫權手中「借」走了荊州，又娶走了孫權的妹妹，吳國一直想要討回荊州。

魯肅奉周瑜之命來見劉備，索取荊州。劉備依諸葛亮之計，等魯肅說明來意，就大哭起來，直哭得魯肅愕然不知所措。

諸葛亮出面解釋說：「當初借荊州，曾許諾取得西川便還，細想起來，益州劉璋是我主公之弟，取他城池，恐被外人唾罵。若是不取，又還了荊州，何處棲身？若不還荊州，於尊舅面上也不好看。事出兩難，因此我主人十分悲傷！」諸葛亮又說：「有煩你回見吳侯，懇求再容緩幾時，吳侯既以親妹嫁給皇叔，想必是會答應的。」魯肅只得應允。魯肅回去對周瑜一說，周瑜就知上了諸葛亮的當。

於是設下「假道伐虢」之計，令魯肅再去荊州跟劉備說，孫、劉兩家既結了姻親，便是一家，若劉備不忍心去取西川，東吳便去取來作爲嫁妝送給劉備，而後劉備把荊州還給東吳。

魯肅不解：「西川路途迢迢，取之不易，莫非你是在用計謀？」周瑜得意地笑道：「你道我眞個去取西川給他？我只以此爲名，實際上是要取荊州，教他沒有防備。待我兵馬路過荊州，向他索取錢糧，劉備必然出城勞軍，那時乘勢殺之，奪取荊州！」

於是，魯肅又到荊州見劉備說：「吳侯十分讚賞皇叔之德，遂與諸將商妥，起兵代皇叔取西川。以西川權當嫁資，換回荊州，但軍馬過境時，望助些錢糧。」諸葛亮一口答應下來。劉備不知其意，諸葛亮說：「此乃『假途滅虢』之計，名爲取川，實取荊州。待主公出城勞軍，乘勢殺入荊州！」於是諸葛亮將計就計，設好伏兵，周瑜領兵到來時遭到伏擊，吳軍只得退回東吳去。周瑜的「假道伐虢」之計沒有得逞。

漢室河山鼎勢分，勤王誰肯顧元勳。
不知征伐由天子，唯許英雄共使君。
江上戰餘陵是谷，渡頭春在草連雲。
分明勝敗無尋處，空聽漁歌到夕曛。

唐·崔涂《赤壁懷古》

併戰計

第五篇

第二十五計：偷樑換柱

【原文】

頻更其陣，抽其勁旅，待其自敗，而後乘之。曳其輪也．

【譯文】

頻繁地變動敵人的陣容，抽調開敵人的精銳主力，等待它自行敗退，然後趁機取勝。這就好像拖住了大車的輪子，使大車不能運行一樣。

【計名探源】

偷樑換柱，指用偷換的辦法，暗中改換事物的中心，以達到蒙混欺騙對方的目的。「偷天換日」、「偷龍換鳳」、「調包計」，都具有同樣的意思。用在軍事上，指對敵作戰時，反覆更換其陣容，藉以削弱其實力，等待它一敗塗地之時，將其全部控制。

此計中包含爾虞我詐、趁機控制別人的權術，所以也往往用於政治謀略和外交謀略。

秦始皇統一天下後，自以爲江山永固，基業可以子孫萬代相傳。

但是，由於他自認身體還不錯，一直沒有去立太子，指定百年之後的接班人，致使後牆起火。宮廷內存在著兩個實力強大的政治集團：

一個是長子扶蘇、蒙恬集團；一個是幼子胡亥、趙高集團。扶蘇恭順好仁，為人正派，在全國有很高的聲譽。秦始皇本意欲立扶蘇為太子，為了鍛鍊他，派他到著名將領蒙恬駐守的北方為監軍。幼子胡亥，早被嬌寵壞了，在宦官趙高教唆下，只知吃喝玩樂。

西元前二一〇年，秦始皇第五次南巡，到達平原津（今山東平原縣附近），突然一病不起。此時，他也知道自己的大限將至，於是，連忙召丞相李斯，要李斯傳達密詔，立扶蘇為太子。當時掌管玉璽和起草詔書的是宦官頭子趙高。趙高早有野心，看準了這是一次難得的機會，故意扣壓密詔，等待時機。

幾天後，秦始皇在沙丘平召（今河北廣宗縣境）駕崩。李斯怕太子回來之前，政局動盪，所以祕不發喪。趙高特地去找李斯，告訴他，皇上策立扶蘇的詔書，還扣在我這裡。現在，立誰為太子，我和你就可以決定。狡猾的趙高又對李斯講明利害，說如果扶蘇做了皇帝，一定會重用蒙恬，到那個時候，宰相的位置你能坐得穩嗎？一席話，說得李斯怦然心動，二人合謀，製造假詔書，賜死扶蘇，殺了蒙恬。

趙高未用一兵一卒，只用偷樑換柱的手段，就把昏庸無能的胡亥扶上帝位，為自己今後的專權打開了通道，也為秦朝的滅亡埋下了禍根。

張繡巧用調包計　典韋死戰護魏王

金庸武俠小說裡面的大俠，大多孤苦無依、受盡磨難，而後遇到異人，學得本領，在再一次偶然的機會得到一件兵器，這件兵器必是寶物，能切金斷玉、削鐵如泥。大俠的身手再加上這件兵器，可謂眞正的無敵於天下。如果沒有了這件兵器，那麼大俠的身手可能就遜色了許多。

然而，這是武俠小說裡面虛構的成分。在三國演義中，也有一位大俠，他當然不像金庸筆下的大俠那樣，能偷天換日，但卻也是勇武絕倫，這個人就是曹操的愛將典韋。同樣，典韋也有一件得心應手的兵器，就是他的雙戟。

曹操親自統率大軍十五萬討伐張繡，到了水下寨。張繡身邊有一個很出名的謀士叫賈詡，賈詡對張繡說：「曹操兵多將勇，勢力強大，難以抵擋，不如投降曹操。」張繡答應了，派賈詡前往曹操處致降書。曹操納降，第二天曹兵進入宛城屯紮，剩下的在城外安營下寨。張繡每天設宴款待曹操。

一天，曹操酒醉後問身邊的人：「這城中有妓女嗎？」曹操的侄子曹安民知道曹操的意思，便偷偷地對曹操說：「張繡的嬸娘鄒氏很漂亮。」曹操馬上命人帶來，一看果然十分漂亮。問她姓什麼，婦人回答：「妾乃張濟之妻鄒氏。」

這夜，鄒氏與曹操共宿帳中。事後，鄒氏跟曹操說：「久住城裡，張繡必起疑心，外人也會議論。」曹操說：「無妨，明日同夫人到寨中住。」

第二天，曹操帶著鄒氏搬到城外安歇，命典韋在中軍帳外守衛。任何人不許入內。這樣，曹操終日與鄒氏在帳中飲酒取樂，不想回師許都。

但沒有不透風的牆，這件事還是讓張繡的家人知道了，便祕密地向張繡報告，張繡大怒：「曹操老賊太欺辱我了！」便請賈詡商議，賈詡說：「這件事不能說出去。明日等曹操出帳議事時，須如此如此。」

第二天，張繡向曹操請示：「最近投降的兵士，逃跑的愈來愈多，請求把他們轉到中軍。」曹操同意了。

張繡轉移了他的軍隊，分爲四寨，伺機舉事。但是，畏懼典韋勇猛，還是難以下手。張繡便與偏將胡車兒商議。

胡車兒也是位能背負五百斤，日行七百里的能人。他向張繡建議說：「典韋最讓人可怕的，是他那雙鐵戟。主公明日可請他來吃酒，將他灌醉。那時我便混入他的軍中，偷偷盜出他的鐵戟，這人就容易對付了。」張繡大喜，預先準備弓箭、甲兵，通知各寨。到了預定時間，派人請典韋到寨中飲宴，並殷勤勸酒，直至很晚才散掉酒席。

這天夜裡，曹操在帳中與鄒氏飲酒，快到二更天，忽聽帳外人喊馬嘶，報告說草車起火。曹操說：「草車失火，不得驚擾亂動。」轉眼間，四下裡起火，曹操這才意識到大事不妙，忙喚典韋。典韋吃酒過多、睡得正香，睡夢中聽到喊殺之聲，便跳將起來，卻找不到雙戟。

這時敵軍已到轅門，典韋急忙抽出步兵的腰刀。但見無數兵馬，各挺兵刃，殺進寨中。典韋奮力向前，砍死數十人。怎奈人單勢孤，典韋身無片甲，中了數十槍，還死戰不退。典韋的刀砍得卷刃不能用了，便把刀扔掉，雙手提了兩具屍體迎敵，擊死八九人。眾人不敢接近，只是遠遠地射箭，箭如驟雨。典韋仍死守寨門，無奈典韋背上又中一槍，大叫數聲，血流滿地而死。死了半晌，仍沒有人敢越門而入。

曹操見典韋擋住寨門，從寨後上馬逃走，這會兒身邊只有曹安民相隨。曹操右臂中了一箭，馬也中了三箭。多虧是大宛良馬，熬得住痛，剛到水河邊，追兵趕來，曹安民被砍爲肉泥。

曹操急忙催馬過河。剛上岸，敵兵一箭射中馬眼，馬撲倒在地。曹操的長子曹昂趕上，急忙把馬讓給曹操，曹操上馬急奔，曹昂被亂箭射死。曹操在路上遇到眾將，方才心安。

胡車兒是個聰明人，他知道典韋是一員勇將，並忠心保主，所以來個偷樑換柱，盜走了典韋的雙戟，再加之醉酒、威力大減，因此大敗曹兵，還險些捉住曹操。

諸葛亮偷樑換柱　姜伯約中計歸降

姜維在三國演義中，是一個很特殊的人物。因爲他一出場，就一鳴驚人，讓諸葛亮吃了個敗仗。而且敗得很慘，就連諸葛亮本人也險些遭擒。

諸葛亮向人詢問姜維底細，有南安人告訴他：姜維，字伯約，冀城人，只有老母在堂，侍母至孝，文武雙全，智勇足備，這裡的人都很尊敬他。諸葛亮覺得姜維是個人物，決計收服他。諸葛亮打聽到姜維的母親在冀城，天水的糧草在上，便決定用偷樑換柱之計收服姜維。

諸葛亮命趙雲引一軍去攻上，派魏延引一軍去攻冀城，並囑咐魏延：如姜維來救，一定放姜維入城，然後圍住冀城，諸葛亮率軍在天水外三十里下寨。

早有人報入天水郡，說蜀兵分爲三路進攻：一軍困守天水，一軍取上，一軍取冀城。

姜維聞聽，向馬遵請求：「我家老母現在冀城，如冀城有失，恐家母有危險。請太守派我率領一軍去救冀城，兼保老母。」馬遵應允，派姜維率三千人去保冀城，梁虔率三千人去保上邽。姜維領兵來到冀城，被魏延截住去路，二人厮殺一番，魏延按諸葛亮吩咐詐敗而走。姜維入城閉門，拜見老母，並不出戰。趙雲也把梁虔放入上城。諸葛亮派人去南安郡，將魏國駙馬夏侯楙提來（諸葛亮攻打南安郡時，將夏侯楙俘虜）。

諸葛亮問：「你怕死嗎？」夏侯楙連忙叩頭乞命。諸葛亮說：「現今姜維守護冀城，派人下書來說：但得駙馬在，我願歸降。我今饒你性命，你願意招降姜維嗎？」夏侯楙連忙答道：「情願招降。」諸葛亮賜予夏侯楙衣服鞍馬，不令人跟隨，放之自去。夏侯楙得脫出寨，不認識道路，只得尋路而走。

正行走之間，碰見有人奔走。夏侯楙問此處通往何處，那些人答道：「我等是冀縣百姓，如今姜維獻了城池，歸降諸葛亮，蜀將魏延又縱火劫財，我等因此棄家奔走，投上去了。」

夏侯楙又問道：「現今天水城守將是誰？」這些人答道：「是馬太守。」夏侯楙聞聽，調轉馬頭向天水而行。又見許多百姓攜男抱女而來，與那幾個百姓的說法一樣。

夏侯楙來到天水城下叫門，城上人認得是夏侯楙，趕緊開門迎接。馬遵向夏侯楙詢問原因，夏侯楙細言姜維之事，又把途中百姓所言說了。

馬遵歎道：「不想姜維反投蜀漢去了！」正躊躇間，已是初更，蜀兵又來攻城。火光中見姜維在城下挺槍勒馬，大叫道：「請夏侯都督答話！」

夏侯楙與馬遵等皆到城上，見姜維耀武揚威大叫道：「我為都督而降，都督為何背棄前言？」

夏侯楙道：「你食魏國的俸祿，為何投降蜀國？有什麼前言？」

姜維應道：「你寫書教我降蜀，現在又何出此言？你要脫身，卻把我陷了？我今降蜀，封為上將，哪有還魏的道理？」說罷，驅兵攻城，直到天明才退兵。

原來這個攻城的並非姜維，是諸葛亮令形貌相似者假扮的，因為在夜間，又加之火光之中，所以馬遵、夏侯楙等人沒有辨出真偽。

諸葛亮派兵來攻冀城。城中糧少，姜維在城上，見蜀軍大車小輛，搬運糧草，全都運入魏延寨中去了。

姜維引三千兵出城，前來劫糧。蜀兵盡棄了糧車，尋路而走。姜維奪得糧車，正要入城，忽然一彪軍攔住，為首一人是蜀將張翼。二人交鋒，沒戰幾個回合，王平又引一軍殺到，兩下夾攻。姜維抵敵不住，奪路歸城，城上早插上蜀兵旗號，原來魏延偷襲了冀城。姜維一路廝殺奔天水城而來，又被張苞截殺了一陣，最後，姜維只剩下單槍匹馬來到天水城下。城上守軍見是姜維，忙報給太守馬遵。

馬遵道：「這是姜維來賺城門。」令城上亂箭射下。姜維回顧蜀兵至近，於是又往上邽城奔去。城上梁虔見了姜維，大罵道：「反國之賊，也敢來賺我城池！我已經知道你投降了蜀國！」下令亂箭射下。

姜維不能分說，仰天長歎，撥馬望長安方向而走。還沒走出幾里路，見前面有一大片茂盛的樹林，忽然喊聲四起，數千蜀兵殺出，原來是關興率軍截住了姜維的去路。

姜維人困馬乏，難以抵擋，勒馬回走。忽然一輛小車從山坡中轉出，車上之人頭戴綸巾，身披鶴氅，手搖羽扇，是諸葛亮。

諸葛亮對姜維說：「伯約此時不降，還待何時？」姜維尋思良久，前有諸葛亮，後有關興，又無去路，只得下馬投降。

諸葛亮慌忙下車相迎，拉著姜維的手說：「我自出茅廬以來，遍求賢者，要傳授平生所學，恨未得其人。今天遇見伯約，我願足矣。」姜維連忙拜謝。

其實，蜀漢後期，姜維並不是個才能出眾的人，論兵法謀略，姜維不如馬謖；論領兵打仗，姜維不及魏延；但諸葛亮卻偏偏看中了姜維，把伐魏統一中原的重任交給了姜維，用一個才能不出眾的人擔負國家大事，豈不壞事！

第二十六計：指桑罵槐

【原文】

大凌小者，警以誘之。剛中而應，行險而順。

【譯文】

強者懾服弱小者，要用警戒的方法加以誘導。威嚴適當，可以獲得擁護。手段高明，可以使人順服。

【計名探源】

指桑罵槐，此計的含義應從兩方面來理解：要運用各種政治和外交謀略，「指桑」而「罵槐」，施加壓力，配合軍事行動。

對於弱小的對手，可以用警告和利誘的方法，不戰而勝。對於比較強大的對手，也可以旁敲側擊威懾他。

春秋時期，齊相管仲爲了降服魯國和宋國，就運用了此計。他先攻下弱小的遂國，魯國畏懼，立即請罪求和，宋見齊魯和好聯盟，也只得認輸求和。管仲「敲山震虎」，不用大的代價，就使魯、宋兩國臣服。

作爲部隊的指揮官，必須做到令行禁止、法令嚴明。否則，指揮不靈、令出不行，士兵一盤散沙，打仗如何能勝？

歷代名將治軍都特別注意軍紀嚴明，採取剛柔相濟之策，既關心和愛護士兵，又嚴加約束，絕不能有令不從、有禁不止。所以，有時採用「殺雞儆猴」的方法，抓住個別壞典型，從嚴處理，就能起到威懾全軍的作用。

春秋時期，齊景公任命了穰直爲將，帶兵攻打晉、燕聯軍，又派寵臣莊賈做監軍。

穰直與莊賈約定，第二天中午在營門集合。

第二天，穰直早早到了營中，命令裝好作爲計時器的標杆和滴漏盤。約定時間一到，穰直就到軍營宣佈軍令，整頓部隊。可是莊賈遲遲不到，穰直幾次派人催促，直到黃昏時分，莊賈才帶著醉容到達營門。

穰直問他爲何不按時到軍營來，莊賈無所謂地說什麼親戚朋友都來設宴餞行，總得應酬應酬吧，所以來得遲了。

穰直非常氣憤，斥責他身爲國家大臣，負有監軍重任，卻只戀自己的小家，不以國家大事爲重。莊賈以爲這是區區小事，仗著自己是國王的寵臣親信，對穰直的話，不以爲然。

穰直當著全軍將士，命令叫來軍法官，問：「無故誤了時間，按照軍法應當如何處理？」軍法官答道：「該斬！」穰直即命拿下莊賈。莊賈嚇得渾身發抖，他的隨從連忙飛馬進宮，向齊景公報告情況，請求景公派人救命。

在景公派來的使者沒有趕到之前，穰直即令將莊賈斬首示眾。全軍將士看到主將敢殺違犯軍令的大臣，個個嚇得發抖，誰還敢再不遵守將令。

這時，景公派來的使臣飛馬闖入軍營，叫穰直放了莊賈。穰直應道：「將在外，君命有所不受。」他見來使驕狂，便又叫來軍法官，問道：「在軍營亂跑馬，按軍法應當如何處理？」軍法官答道：「該斬。」來使嚇得面如土色。穰直不慌不忙地說道：「君王派來的使者，可以不殺。」於是下令殺了他的隨從和三駕車的左馬，砍斷馬車左邊的木柱。然後讓使者回去報告。

穰直軍紀嚴明，軍隊戰鬥力旺盛，果然打了不少勝仗。

殺同鄉指桑罵槐　嚴軍紀毫不留情

三國演義中的文韜武略、鬥智鬥勇，最爲盛名，可以說家喻戶曉、婦孺皆知。關於戰爭場面的描寫不下百餘次，或烘托、或渲染、或描寫，跌宕起伏，但其間並不是純粹的殺打攻伐，更有智慧的較量。其中「呂蒙白衣渡江，奇襲荊州」就是非常精彩的一節。

劉備從東吳借了荊州賴著不還，周瑜、魯肅做都督時，就想取回荊州，但可惜的是二人皆英年早逝。後來呂蒙做了都督，和孫權、陸遜商議要取回荊州。呂蒙先用計使關羽撤走了荊州的精兵，然後親自率兵來攻取荊州。

吳兵全著白衣，駕著快船向潯陽江日夜兼行，一直抵達北岸。江邊是關羽修築的烽火臺，烽火臺上的蜀軍盤問時，吳兵回答說：「我們是商人，因爲江中風大，想到這裡避一避。」隨即將一些財物送給守台的蜀軍，蜀軍很高興，就相信了，允許他們停泊在江邊。

等到了深夜，藏在船中的吳兵一起殺出，將烽火臺的軍士全部制服，一聲暗號，八十多條船的吳兵全都衝出，將緊要處烽火臺的軍士全都俘獲押入船中，沒有一個能逃脫。接著又長驅直入，直奔荊州，無人發覺。

快到荊州時，呂蒙對俘獲的蜀軍皆好言撫慰，個個重賞，讓他們賺開城門，縱火爲號。這些蜀軍在城下叫門，守城軍兵認得是自己人，便開了城門，眾軍士一聲喊起，就在城門放火爲號。吳兵一齊攻入，襲取了荊州。

這就是呂蒙「白衣渡江，奇襲荊州」的過程。

進城後，呂蒙傳下軍令：如有妄殺一人，妄取民間一物的，定按軍法從事。荊州原任官吏仍各任舊職，關羽的家屬另養在別的院中，不許閒雜人等騷擾。同時，馬上派人稟報孫權。

一天，正下著大雨，呂蒙騎馬帶著幾名親兵查看四門，忽然看見一個士兵用百姓的箬笠蓋鎧甲。呂蒙喝令左右拿下審問，原來這個人還是呂蒙的老鄉。

呂蒙卻說：「你我雖是同鄉，但我有軍紀在先，你已違反，應當按軍法處之。」

這個士兵哭著訴說：「我恐怕大雨淋濕官家的鎧甲，所以才拿來遮蓋，不是爲自己的私事，希望將軍念同鄉的情分！」

呂蒙又說：「我知道你是蓋官家的鎧甲，但終究是拿了老百姓的東西。」喝叱左右推出去斬了，並傳首示眾，然後收拾屍首，哭著把這個士兵埋葬了。

從此三軍震驚，軍紀更加嚴明了。

不是呂蒙不念鄉情，而是呂蒙要殺一儆百，畢竟呂蒙是人不是神，他是三軍統帥，他這樣做是爲了嚴明軍紀。

殺一儆百嚴肅法紀　指桑罵槐懾服百官

最早，法律上並沒有所謂「腹非」的罪名，而是後來人們杜撰出來的。

在三國演義中，人們對曹操的評價是：「治世之能臣，亂世之奸雄。」也就是說，曹操是一個能拋棄傳統規範的限制，以異常的手段來應付亂局的能臣。

曹操二十歲就被舉爲孝廉，他的第一個正式官職是洛陽的北都尉。

京城洛陽住著很多達官貴人，這些人目無王綱法紀，胡作非爲。剛剛上任的曹操，憑著他過人的熱情和氣魄，決心徹底整治一下洛陽城的治安。

他下令在城北區的四個城門，懸掛特製的五色棒幾十根，嚴禁非法外出、遊蕩，違犯者，無論皇親國戚，一律嚴懲不貸。

沒多久，第一個違犯法紀的是大宦官蹇碩的叔父，他深夜私自帶刀出城，被曹操抓到，曹操按律嚴厲處罰。當時蹇碩的權勢如日中天，沒有人敢得罪於他，而曹操卻沒買他的帳，秉公執法，這件事使得洛陽城內官民震動，自此誰也不敢違犯禁令，洛陽城惡化的治安得到了很大的改善。

曹操的這一手段就是指桑罵槐，能起到殺一儆百的作用。原因有二：

首先，曹操有令必行，按律辦事。

第二，不管對方是誰，如犯律嚴懲不貸，越是皇親國戚，越是重罰，以儆效尤。

後來，曹操做了漢丞相，位高權重。起初曹操比較重用崔琰。

後來有人在曹操面前說崔琰的壞話，曹操將崔琰貶爲平民，並且還派人監視他的言行。

有一天，監視者向曹操報告說崔琰有不服氣的神色。曹操說：「崔琰已經受了刑法，怎麼還對我的部下怒目而視，好像要怪罪他們似的。」不久便賜死崔琰。

很顯然，這件事曹操是做給百官看的，如有心存二意或圖謀不軌者，崔琰就是最好的例子。

亂世梟雄屬劉備　大義滅親斬義子

劉備做了一件讓人大吃一驚的事。自己的兒子說殺就給殺了。事情的經過是這樣的：

關羽被困麥城，廖化闖出重圍到上庸求救，上庸守將是劉封和孟達，劉封欲發兵相救，卻被孟達勸住了。

關羽遇害後，廖化深恨二人，劉備更是大怒不止，一定要捉二人問罪。孟達害怕，投降了魏國，諸葛亮想出了一個兩全齊美的辦法：可派劉封進兵，去擒孟達，令二虎相鬥，不管劉封勝敗，必回成都，然後再行處理，劉備應允。孟達在襄陽見劉封來攻打，派人致書信招降劉封。

劉封見書信，大怒道：「賊人誤我叔侄之義，又離間我父子之親，使我為不忠不孝之人！」於是扯碎書信，斬其使者，引軍前來搦戰。

孟達知劉封扯書斬使，頓時大怒，領兵出迎。怎奈劉封鬥不過孟達，又加之徐晃、夏侯尚左右夾擊，大敗而歸。

劉封回到了成都，面見劉備，大哭不止，細奏前事。劉備怒道：「你有何面目來見我！」

劉封哭著說道：「叔父之難，非兒不救，因孟達諫阻的原因。」

劉備更加憤怒：「你自己吃飯穿衣，非土木偶人！如何聽信讒賊所阻！」命左右推出斬首。劉備殺了劉封後，聽說孟達寫信招降，劉封毀書斬使的事，心中很後悔。這就是劉備殺劉封的經過。

雖說劉封不是自己的親兒子，卻也是劉備主動要收劉封為義子的。況且當時劉備還在難處，這就說明劉備與劉封既有父子之名，又有父子之實。

其實，如果細細推敲，劉備的這一驚人舉動，是有一定的目的。他殺劉封，對關羽有個交代，對張飛有個交代，對自己有個交代，更是對滿朝的文武百官有個交代。

滿朝的文武百官都在盯著劉備，兄弟情、父子義，如何處理這件事，將直接關係到劉備與滿朝文武百官的關係，劉備還是把劉封給斬了。所以此次劉備失去的是義子，得到的卻是滿朝文武百官的擁護。

如果換個角度來看這件事，劉備也並不是沒有更好的解決辦法：

第一，用斬刑，因爲劉封沒救關羽，致使關羽被殺，荊州丟失，這是一個很大的損失；

第二，可以免於一死，削職爲民，畢竟是有人教唆，又加之劉封是皇親國戚，從輕處分也未嘗不可。

兩者之中，劉備選擇了前者，儘管事後有些後悔，但他當時的舉動還是要下一定決心的。說實話，劉備殺劉封也是很心疼的，不管怎麼說，劉封也是自己的乾兒子，鞍前馬後跟隨自己戰鬥多年，沒有功勞，也有苦勞；沒有苦勞，也有辛勞。可心疼歸心疼，劉備還是識大體，以軍心爲重，故此斬了劉封。

賞罰分明對於一個領導者來說，還相對容易一些；但大義滅親，大多數人卻只能是「撈魚鸛打潛石——全靠嘴」。

說劉備是梟雄，一點不假，他的高明之處就在於此。他深知作爲一個領導者，自己的一言一行都是大家關注的焦點，進而影響到整個大局，所以要正軍紀，首先要正自己。於是，他對家人、對親戚毫不客氣。

論功時，親屬不作爲優先考慮的對象；行罰時，先拿沾親帶故的開刀。不管是摔阿斗，還是

「兄弟如手足，妻子如衣衫」，他都有一個目的，去感動人，因此，關羽、張飛、趙雲等拼死效命，諸葛亮鞠躬盡瘁。當劉封用不救關羽是「孟達諫阻」爲理由時，劉備還是不爲所動、毅然殺之。

劉備大義滅親，既拉攏了人心，又嚴肅了軍紀，可謂既「指桑」、又「罵槐」，實在是一舉兩得，既讓忠臣拼死效命，也給有不良思想的人敲敲警鐘。因此，他能夠贏得眾人的擁戴也就不足爲怪了。

第二十七計：假癡不癲

【原文】

寧僞作不知不爲，不僞作假知妄爲。靜不露機，雲雷屯也。

【譯文】

寧可假裝糊塗而不採取行動，也絕不假冒聰明而輕舉妄動。要沈著冷靜，不洩漏任何心機，就像雷電在冬季蓄力待發一樣。

【計名探源】

民間俗語有「裝瘋賣傻」、「裝聾作啞」的說法，「假癡不癲」就是由此轉化而來。它的重點在一個「假」字。

這裡的「假」，意思是裝聾作啞、癡癡呆呆，而內心卻非常清醒。此計無論作爲政治謀略還是作爲軍事謀略，都可謂高招。

用於政治謀略，就是韜晦之術，在形勢不利於自己時，表面上裝瘋賣傻、製造假像，隱藏內心的政治抱負，以免引起政敵的警覺，暗裡卻等待時機，實現自己的目標。

此計用在軍事上，指的是雖然自己具有一定的實力，但不露鋒芒，顯得軟弱可欺，麻痺敵人，然後再趁機給敵人以致命的打擊。

司馬懿假癡不癲　曹昭伯無知上當

在三國演義中，司馬懿是一個詭計多端、老謀深算的老狐狸。他躲過曹操的迫害，取得曹丕的信任，又在五丈原耗死諸葛亮，在曹家兄弟要對其下手時，他又用「假癡不癲」之計瞞過曹家兄弟，終於大權在握，爲司馬氏以晉代魏鋪平了道路。

魏明帝曹睿逝世，曹芳即位，就是魏少帝。魏明帝臨終前委託太尉司馬懿和大將軍曹爽，共同輔佐朝政。少帝年幼，不能親理朝政，這就給曹爽和司馬懿相互爭權奪勢製造了機會。

司馬懿爲曹家天下立過汗馬功勞，諸葛亮幾次伐魏，都是司馬懿統兵拒敵，所以，司馬懿在朝中有很大的潛在勢力。

曹爽是皇親國戚，頗得魏明帝的寵信，權勢很大，與司馬懿不相上下。

開始時，二人共同執掌朝政，同心同德，曹爽很敬重司馬懿，遇事多向司馬懿請教，從不專權。

後來曹爽逐漸獨攬大權，架空司馬懿，讓他掛職太傅，明升暗降。久而久之，爲了權力之爭，二人發展到水火難容的地步。

司馬懿老謀深算，深知曹爽大權在手，一時間難以抗衡，只好暗中蓄勢等待機會。爲防迫害，稱病居家，對朝政不聞不問，並告誡二子安分守己，不可與人爭強鬥勝。

沒過多久，東吳分兵兩路進攻六安和淮南，邊關告急，曹爽是紈絝子弟，急得不知所措，忙召集眾臣商議對策。還未等商量出對策，樊城又遭東吳攻擊，更使曹爽如同火上澆油，無計可施，只好派人去請司馬懿來朝議事。

司馬懿對戰局了如指掌，也料定曹爽必來相請，認為借此時機出戰，對自己很有利：

第一，可以打擊曹爽的氣焰，滅其威風；

第二，還可以樹立自己的威望。

司馬懿決定親自帶兵出征。滿朝文武見司馬懿親征邊關，人心大振，為司馬懿舉行了隆重的出征儀式。司馬懿率軍出擊，很快就解了邊關之危，班師回朝，聲望日盛。

司馬懿得勝回朝後，兵權又被曹爽剝奪，他採取忍耐退讓的策略，稱病居家，不問政事。曹爽則氣焰更加囂張，排斥異己，安置親信。朝中大臣對曹爽的專橫敢怒不敢言。曹爽唯一的顧忌就是司馬懿。他命心腹河南尹李勝，借出任荊州刺史之機，讓他以向司馬懿辭行為由，前去探聽虛實。

得知李勝來訪，便知其實質用意，司馬懿對兩個兒子說：「這是曹爽派人以探病為名，來探聽我的虛實啊！」於是摘去帽子披散著頭髮，蓋著被子坐在床上，並讓兩個侍女服侍，做完這番準備之後才請李勝入府。

李勝來到司馬懿的床前，司馬懿聽說有客來訪，正在侍女的服侍下更衣，只見司馬懿渾身顫抖，久久地穿不上衣服。

李勝說：「聽說太傅舊病復發，沒想到竟病成這樣，我被聖上委任爲荊州刺史，今天是特來向您告辭的。」

司馬懿故意裝作有氣無力地說：「我恐怕活不了多久了，你調任并州後，要多加防範，不能給胡人製造進攻的機會啊！」

李勝說：「您聽錯了，我出任荊州，而不是并州！」

司馬懿又問道：「你不是說并州嗎？」

李勝又重複說：「是荊州，不是并州。」

司馬懿大笑說：「你從并州來！」

李勝說：「太傅如何病成這樣？」

左右說：「太傅耳聾。」

李勝說：「取紙筆來。」

李勝把要去荊州的意思寫在紙上遞給司馬懿，司馬懿看後笑著說：「我耳聾了，沒有聽清楚你的話。希望你此去保重。」說完，以手指口，意思口渴，待侍女捧上粥來，司馬懿以口去接，將粥弄翻，流了一身。

稍後，司馬懿又哽噎著說：「我們今後再難相見，拜託你今後替我照顧兩個兒子。」

李勝回去後，將所見所聞的詳情告訴了曹爽。

曹爽說：「司馬懿不過是一具沒有斷氣的軀殼而已，如此我還有什麼顧慮呢？」從此對司馬懿消除戒心，不加防範。

不久，魏少帝曹芳前往洛陽南山拜謁魏明帝高平陵，曹爽以及他的兩個弟弟和心腹一同隨行。

司馬懿見朝中空虛，時機已到，率兵闖進後宮，逼太后就範，以太后的名義發佈詔令閉鎖城門，發動了兵變。

司馬懿派司馬師、司馬昭統領數千禁軍，占領城中要害，解除曹爽的兵權。城中控制後，又派出使者勸降曹爽，並向曹爽保證只要交出兵權，絕不傷害他的性命。

曹爽部下力勸曹爽調兵平叛，曹爽猶豫再三，最後投降。

沒過多久，司馬懿以曹爽大逆不道，圖謀篡位的罪名，將其誅殺。

這場為期數年的權力之爭，最終以曹爽失敗而告終。曹爽失敗的致命原因，是緊要關頭不能痛下決斷，看不清對方的眞正用意，用現在的話說就是缺乏鬥爭經驗。原因有三：

第一，既然已經架空司馬懿，就應該找個藉口將其父子三人殺掉，以絕後患。因為政治軍事鬥爭來不得半點含糊，結果不是你死、就是我亡。曹爽本來有機會、有能力殺掉司馬氏父子，但遲遲不肯動手，這就等於把老虎養在籠子裡，一有機會，老虎會破籠而出，後果必然不堪設想。

第二，曹爽關鍵時刻手軟，頭腦不夠清晰，看不清事實眞相。司馬懿占據了都城，司農桓範趁亂背著大司馬印逃出城外，找到曹爽，讓其保護天子移駕許都，爾後召集兵馬討伐司馬懿，如果眞是這樣，司馬懿就危險了。而且這也不是不可能的，因爲天子在曹爽這邊，有大司馬印在手，憑此印可以調動天下兵馬，如此何愁大事不成。然而，正如桓範所言：「曹子丹以智謀自矜！今日一看眞是豬狗不如。」

第三，曹爽視政治鬥爭如同兒戲，心存妄想。不做大司馬，要做一富翁，這豈不是天大的玩笑，司馬懿豈能放過他。司馬懿洛水誓言音未落地，曹爽全族已成刀下之鬼。如此，曹爽又怎麼是司馬懿的對手。

對比之下，司馬懿就顯得成熟老辣，他一再巧妙地迷惑了曹爽，關鍵時刻用計使曹爽徹底失去戒心，一舉將其捕獲，毫不留情地誅其全族。

由此可見，權力之爭來不得半點含糊，優柔寡斷是爲政者的大忌，當斷則斷才怎能成就霸業。

第二十八計：上屋抽梯

【原文】

假之以便，唆之以前，斷其應援，陷之死地。遇毒，位不當也。

【譯文】

故意露出破綻，給敵人提供方便條件。誘使敵人深入我方陣地，然後切斷其前應與後援，使其陷入絕地。敵人急功圖利，必遭禍患。

【計名探源】

此計用在軍事上，是指利用小利益引誘敵人上大當，然後截斷敵人的後路，以便將敵人圍殲的謀略。這種誘敵之法，自有其高明之處。敵人一般不是那麼容易上鉤的，所以，應該先安放好「梯子」，也就是故意給對方以方便。等敵人「上樓」，進入自己布好的「口袋」後，即可拆掉「梯子」，圍殲敵人。

安放梯子，很有學問。對貪婪之敵，用利誘之；對驕傲之敵，則以示我方之弱來迷惑對方；對莽撞無謀之敵，則設下埋伏，使其中計。

總之，要根據情況，靈活運用，誘敵中計。

《孫子兵法》中最早出現「去梯」之說。

《孫子・九地篇》：「帥興之期，如登高而去其梯。」這句話的意思是把自己的隊伍置於死地，進則生，退則亡，迫使士卒同敵人決一死戰。如果將這兩層意思結合起來運用，一定能取得事半功倍的效果。

劉琦求計避禍　玄德暗示抽梯

劉備被曹操追趕，無處容身，寄居在荊州劉表處。後經徐庶推薦，劉備三顧草廬請出諸葛亮。劉備待諸葛亮如師，食則同桌，寢則同榻，每日與其談論國家大事。

一天，劉備派人到江東打探消息，回報說：「孫權已經攻殺黃祖，現屯兵柴桑。」劉備忙請諸葛亮計議，正在這時，劉表派人來請劉備赴荊州議事。

諸葛亮說：「這一定是因爲孫權破了黃祖，所以請主公商議報仇的事。我打算跟您一同前往，見機行事，到時候自有良策。」

劉備欣然應允，叫關羽守新野縣，讓張飛帶五百人馬跟隨前往荊州。劉備在馬上問諸葛亮說：「今天見到劉表，應當如何應答呢？」

諸葛亮說：「他如果派主公去討伐東吳，千萬不要答應，只說先容我回新野整頓軍馬。」劉備點頭答應。

到了荊州館驛安頓好，劉備留張飛在城外屯守，自己與孔明進城見劉表。

劉表與劉備見禮後說：「現今東吳攻取了江夏，殺害了黃祖，所以請賢弟共同商議復仇大計。」

劉備說：「黃祖性情粗暴，不能用人，所以才有如此大禍。倘若現在興兵南徵，曹操從北面襲來，又該如何拒敵呢？」

劉表說：「我現在年老多病，不能處理政事，賢弟一定要幫助我。我死之後，賢弟便可做荊州之主。」

劉備說：「兄長爲什麼如此說話，我怎麼敢擔當如此重任呢？」諸葛亮用眼睛看了看劉備。

劉備說：「容我慢慢考慮一個好的辦法吧。」於是告辭出來。

回到館驛後，諸葛亮說：「劉表想把荊州交給主公，您爲什麼不接受呢？」

劉備說：「劉表對我恩德並重，我怎麼能趁他危難時奪他的屬地呢？」諸葛亮感歎地說：「主公眞是仁慈啊！」

劉備與諸葛亮正在館驛商議間，忽報劉表長子劉琦來訪。劉備趕緊迎接，劉琦哭拜於地說：「繼母不能相容，我的性命危在旦夕，希望叔叔可憐並幫助我。」

劉備說：「這是賢侄的家事，爲什麼要問我？」諸葛亮只是在一旁微笑。劉備向諸葛亮請教良策，諸葛亮說：「這是家事，我不敢過問。」

一會兒，劉琦出館驛，劉備相送出，附耳低聲說：「明日我讓諸葛亮回拜賢侄，你可如此如此，他自會有良策告訴你。」劉琦連連稱謝而去。

第二天，劉備推說自己肚子疼，請求諸葛亮代他去回拜劉琦。諸葛亮答應，來到劉琦門前下馬。劉琦邀請諸葛亮到後堂，喝完茶後，劉琦說：「劉琦得不到繼母相容，請先生出一計策救救我吧。」

諸葛亮卻說：「我客居此地，怎麼敢參與別人骨肉親情的事呢？如果洩漏，我會受害很深的。」說完，便要起身告辭。

劉琦說：「既然您已經來了，我怎麼敢慢待呢！」請諸葛亮進入密室共同飲酒。酒席之間，劉琦又說：「繼母不能容我，還望先生說句話救我。」諸葛亮說：「這不是我所能謀劃的。」說完，又想走。

劉琦說：「先生不說也就算了，爲何急著走呢？」諸葛亮便又坐下了。

劉琦說：「我有一本古書，想請先生看看。」於是帶著諸葛亮登上一小樓。諸葛亮說：「書在何處？」劉琦哭拜道：「繼母容不下我，我命危在旦夕，先生能忍心不相救嗎？」諸葛亮很生氣地想下樓，只見梯子已被撤去。

劉琦對他說：「我想向先生求教良策，先生擔心洩漏不肯說出。現在上不著天，下不著地，出先生之口，入琦之耳，總可以賜教了吧。」

諸葛亮說：「『疏不間親』，我怎麼能爲您出謀劃策呢？」

劉琦說：「如果先生還是不肯賜教於我！我命本來就保不住了，我請求立即死在先生面前。」說罷抽出寶劍想自刎。

諸葛亮連忙制止，並說：「我已經想出辦法了。」劉琦跪拜道：「願馬上聽到您的教誨。」

諸葛亮便給劉琦講了個故事：

春秋時期，晉獻公的妃子驪姬想謀害晉獻公的兩個兒子申生和重耳。重耳知道驪姬居心險惡，只得逃亡國外。申生為人厚道，力盡孝心，侍奉父王。

一日，申生派人給父王送去一些好吃的東西，驪姬趁機用有毒的食品將太子送來的食品更換了。晉獻公哪裡知道，準備去吃，驪姬故意說道，這膳食從外面送來，最好讓人先嘗嘗看。於是命侍從品嚐，侍從剛剛嘗了一點，便倒地而死。晉獻公大怒，大罵申生不孝，陰謀殺父奪位，決定要殺申生。申生聞訊，也不申辯，自刎身亡。

諸葛亮對劉琦說：「申生在內而亡。重耳在外而安。現今黃祖剛剛死去，江夏無人防守，公子為何不自請去江夏防守呢？這樣便可以躲避災禍了。」劉琦再次拜謝諸葛亮賜教之恩，命人取來梯子送諸葛亮下樓。

諸葛亮告辭，回去見到劉備，詳細地講明經過，劉備十分高興。

第二天，劉琦依諸葛亮之計向父親請命，想去江夏屯守，劉表應允。於是，劉琦帶三千兵馬，前往江夏鎮守躲過了蔡夫人的迫害。

在軍事上，上屋抽梯與調虎離山差不多，都是誘敵深入，然後再斷其歸路、一舉殲滅。而劉備教給劉琦的上屋抽梯之計，並不是殺敵之法，而是免禍之策。

第一，劉琦把諸葛亮引上閣樓，使諸葛亮無法脫身。

第二，劉琦打消了諸葛亮的一切後顧之憂。因爲，諸葛亮與劉備寄居劉表這裡，蔡夫人耳目眾多，萬一走漏消息，諸葛亮與劉備都有性命之憂。閣樓之上授計，沒有第三者聽見。

第三，也是最厲害的一招，劉琦以死相要挾，閣樓之上並無第三人，如果劉琦死在上面，事情就難以說清了。這樣就逼迫諸葛亮爲自己出謀劃策。

當然，用計還要看對誰，劉備熟知諸葛亮的爲人，而且相信他能想出計策，所以教劉琦上屋抽梯之計。

此計用在此處，沒有攻打殺伐的血腥，顯得平和睿智，極富新意。

第二十九計：樹上開花

【原文】

借局佈勢，力小勢大。鴻漸於陸，其羽可用爲儀也。

【譯文】

借助佈局形成有利的陣勢，兵力雖少，但氣勢頗大。鴻雁在高空飛翔，全憑其豐滿的羽翼助成氣勢。

【計名探源】

樹上開花，是指樹上本來沒有開花，但可以用綢緞、彩紙等剪成花朵黏在樹上，做得和眞花一樣，不仔細去看，眞假難辨。

此計用在軍事上，指的是，如果自己的力量較弱，可以借別人勢力或借某種因素製造假像，使自己的氣勢顯得強大，也就是說，在戰爭中要善於借助各種因素，來爲自己壯大聲勢。

猛張飛巧用疑兵計　智曹操上當當陽橋

民間有句俗語，把做事粗魯、不計後果的人叫做「猛張飛」。其實仔細分析，張飛並不是眞的粗魯無知。

張飛是一員猛將，無人不知、無人不曉，但很少人知道他還是一個有勇有謀的大將。

劉備起兵之初，與曹操交戰，多次失利。劉表死後，劉備在荊州，勢單力孤。這時，曹操領兵南下。劉備慌忙率荊州軍民退守江陵。由於老百姓跟著撤退的人太多，撤退的速度非常慢。

兩軍在當陽相遇了，時值秋末冬初，涼風透骨，約四更天時，只聽見西北喊聲震地而來。

劉備大驚，急上馬引本部精兵二千餘人迎敵，曹兵勢不可擋。

劉備死戰，正在危急時刻，張飛引軍殺來，衝開一條血路，救劉備望東而走。被文聘攔住去路，劉備大罵文聘：「背主之賊，有何面目見人！」文聘慚愧而退。

張飛保著劉備，且戰且退。一直到天光放亮，喊殺聲漸漸遠去，劉備得以喘歇。劉備手下的一行人，糜竺、糜芳、簡雍、趙雲等一干人都不知下落。劉備萬分難過，正悽惶時，忽見糜芳身帶數箭，踉蹌而來，並說：「趙子龍投奔曹操去了！」

劉備斥責說：「子龍是我故交，怎麼會反叛呢？」

張飛說：「他今見兄長勢窮力盡，反而投奔曹操，以求富貴去了！」

劉備說：「子龍在我患難時就跟著我，心如鐵石，並不是富貴所能動搖的。」

糜芳說：「我親見他投西北去了。」

張飛說：「我親自去尋找他。如若撞見，一槍刺死！」

劉備說：「千萬不要弄錯了，不記得當年你二哥斬顏良、誅文丑的事啦？子龍此去，一定是有原因的。我料定子龍一定不會背棄我的。」

張飛哪裡肯聽，引二十餘騎兵，奔長阪橋而來。見橋東有一片樹林，張飛心生一計：令所率的二十餘騎兵都砍下樹枝，拴在馬尾上，在樹林內往來奔跑，衝起塵土，讓曹軍誤認為大軍已到。張飛自己橫矛立馬於橋上，向西而望。

趙雲眞的投降曹操了嗎？沒有，劉備這一仗敗得很狼狽，他的妻子和兒子都在亂軍中被衝散了。

趙雲在亂軍中尋找劉備的妻兒老小，自四更時分，與曹軍廝殺，往來衝突，殺到天明，這番廝殺，趙雲七進七出，殺得血滿征袍。好歹找到了糜夫人和阿斗。懷抱著阿斗望長阪橋而走，只聞後面喊聲大震，原來文聘引軍趕來。

趙雲到得橋邊，人困馬乏。見張飛挺矛立馬於橋頭，趙雲大呼道：「翼德幫我！」

張飛說：「子龍速行，我來抵擋追兵。」

文聘引軍追趙雲至長阪橋，見張飛倒豎虎鬚，圓睜環眼，手提蛇矛，立馬橋上，又見橋東樹林之後，塵土飛揚，懷疑林內有伏兵，便勒住馬，不敢近前。

一會兒，曹仁、李典、夏侯惇、夏侯淵、樂進、張遼、張郃、許褚等都到了長阪橋。見張飛怒目橫矛，立馬於橋上，恐怕中了諸葛亮之計，都不敢近前。派人飛報曹操。

曹操聞知，急上馬，從陣後趕來。張飛睜圓環眼，隱隱見後軍青羅傘蓋、旄鉞旌旗來到，知是曹操親自來看。便大聲喝道：「我乃燕人張翼德！誰敢與我決一死戰？」聲如巨雷。曹軍聞之，盡皆股慄。

曹操急令撤去傘蓋，回顧左右說：「我曾聽關羽說過：翼德於百萬軍中，取上將之首，如探囊取物。今日相逢，不可輕敵。」

話未說完，張飛睜圓環眼又大喝道：「燕人張翼德在此！誰敢來決一死戰？」曹操見張飛如此氣概，已有退心。張飛見曹操後軍陣腳移動，又挺矛大喝道：「戰又不戰，退又不退，卻是何故！」喊聲未絕，曹操身邊夏侯傑驚得肝膽碎裂，倒於馬下。曹操回馬便走。於是諸將一齊向西而退。

張飛之所以能喝退曹軍，與他個人的勇猛善戰固然有關，但關鍵還是他的樹上開花之計起了決定作用。

如果曹軍不是怕中了諸葛亮的埋伏計，恐怕再有十個張飛也擋不住百萬曹軍。

虛張聲勢賺呂布　落荒而逃棄定陶

樹上開花之計的具體表現為「虛實相生」，虛則實之、實則虛之，用假像來迷惑敵人，而隱藏眞相。曹操平定濮陽用的就是此計。

曹操平定了汝南和潁川，但呂布盤踞在濮陽，程昱建議趁機進兵濮陽。

曹操命許褚、典韋爲先鋒，夏侯惇、夏侯淵在左，李典、樂進在右，曹操親率中軍，于禁、呂虔在後，兵至濮陽。

呂布見曹操親統大軍來犯，想親自迎敵，謀士陳宮勸道：「將軍此時不可以出戰。等到眾將會合後再戰（高順、張遼、臧霸、侯成等諸將不在濮陽）。」

呂布卻說：「我曾怕過誰？」不聽陳宮勸告，帶兵出戰。曹操派許褚出戰，兩人鬥了二十回合，不分勝敗。

曹操說：「呂布並不是一個人能戰勝的。」又派典韋、夏侯惇、夏侯淵、李典、樂進六員大將共戰呂布。

呂布遮擋不住，撥馬奔回城去。不料，城中富戶田氏早已投降了曹操，見呂布大敗，急忙關閉城門，呂布叫門不開，田氏說：「我已投降曹操。」呂布大罵不止，率眾向定陶奔去。陳宮從東門帶著呂布的家小出城，曹操得了濮陽。

謀士劉曄說：「呂布是隻老虎，既已困乏，不能讓他喘息。」於是，曹操命人守濮陽，自己帶兵趕往定陶來擒呂布。

呂布與張邈、張超在城中，高順、張遼、臧霸、侯成等大將巡海打糧還沒回來。曹操圍住定陶並不討戰，離城四十里下寨。

此時，正趕上當地麥熟，曹操命軍兵割麥爲食。呂布聞知帶軍趕來，將近曹寨，見左邊樹林茂盛，恐有伏兵，便帶兵回去了。

曹操知道呂布的軍隊回去了，便對部下說：「呂布懷疑林中埋伏人馬，可用『樹上開花』之計，在林中多插旌旗，使他心裡生疑。寨西一帶有長堤，裡面沒水，埋伏大量精兵。明日呂布必然來燒林子，堤中的精兵斷他的後路，必能擒住呂布。」

曹操派兵完畢，只留五十人在寨中擂鼓，從村中趕來男女在寨中吶喊。呂布要去劫寨燒林，陳宮說：「曹操詭計多端，不可輕往。」

呂布說：「我用火攻，可以破伏兵。」於是，留陳宮、高順守城。

呂布親率大軍殺來，遠遠地見樹林中旌旗飄擺，便驅兵直入，四面放火，不料竟無一人。想去劫寨，又聽寨中鼓聲大震。明知上當，正在疑惑，忽然寨後衝出一支人馬，呂布縱馬追趕，炮聲四起，堤內伏兵一齊衝出：夏侯惇、夏侯淵、許褚、典韋、李典、樂進一齊殺來，呂布落荒而逃，敗回定陶。

陳宮說：「空城難守，不如急走。」於是跟高順保著呂布家小，丟了定陶。曹操殺入定陶，張超自刎，張邈投袁術去了。自此，山東一帶，全被曹操占領。

由此可見，將在謀而不在勇，呂布雖勇，不敵曹操之智，還是被曹操給打敗了。

第三十計：反客爲主

【原文】

乘隙插足，扼其主機，漸之進也。

【譯文】

抓著對方的空隙，看準時機插足進去，設法控制敵人的要害，這是循序漸進的結果。

【計名探源】

杜牧注《孫子兵法》載：「我爲主，敵爲客，則絕其糧道，守其歸路。若我爲客，敵爲主，則攻其君主」。

反客爲主，用在軍事上，是指在戰爭中，要努力變被動爲主動，儘量想辦法鑽別人的漏洞，插腳進去，控制他的首腦機關或者要害部門，抓住有利時機，兼併或者控制對方。古人使用本計，往往是借援助他人的機會，以便自己先站穩腳跟，步步爲營，想方設法取而代之。

陶謙誠心讓徐州　劉備反客為主人

在三國演義中，三足鼎立的局面未形成之前，劉備是孫權、曹操三人中勢力最弱的，缺兵少將，又無地盤，靠著仁厚之名周旋、流離於各個諸侯之間。

曹操做了丞相，便派人去接老父及全家，路過徐州時，徐州牧陶謙殷勤款待，臨別時多贈金銀，並派部將張闓護送出州界。

哪知張闓見財起意，殺了曹嵩全家，曹操聞報哭得昏倒在地。左右連忙救起，曹操咬牙切齒地說：「陶謙縱兵殺了老父，這仇不共戴天！我要發兵血洗徐州，才能報此深仇大恨！」

於是，留荀彧、程昱領三萬人馬守鄄城、范縣、東阿三縣，他帶其餘人馬殺奔徐州。

陶謙在徐州聽說曹操起軍殺奔徐州而來，急忙召集眾人商議退兵之策。糜竺說：「我去北海郡求孔融起兵救援，您再派一人到青州田楷處求救。如果有了這兩處人馬相助，必然能殺退曹兵了。」陶謙依計而行。

糜竺一到北海郡，正趕上黃巾軍圍困北海郡。孔融派太史慈星夜去向劉備求救。

劉備與關羽、張飛率兵至北海殺退黃巾軍，孔融請劉備入城，大設筵席慶賀。酒席宴前，糜竺詳細講述了張闓殺曹嵩之事，並說：「如今曹操率大軍圍住徐州，特來求救。」

劉備說：「陶恭祖是仁義君子，沒想到卻受這無辜的冤枉。」孔融請劉備同自己一起去解徐州之圍。

於是，劉備從公孫瓚處借了趙雲和二千人馬也趕奔徐州。

來到徐州城外，劉備留下關羽、趙雲助孔融，自己帶著張飛殺過重圍，到了城下。城上望見「平原劉備」的旗號，陶謙急令開門。

陶謙迎進劉備，在府衙設宴款待。陶謙見劉備氣宇軒昂，言語豪爽，豁達有志，心中大喜，便命糜竺取出徐州官印交給劉備。劉備不解地問：「您這是什麼意思？」

陶謙說：「如今天下大亂，王綱難振，您是漢室宗親，正應該大展宏圖，報效國家。我已年邁無能，願把徐州讓給您，請不要推辭。」

劉備拜謝說：「劉備雖然是漢室宗親，但功德微薄，做平原相還怕不稱職。今天來相助是為了伸張正義。您說這話，是不是懷疑我有吞併之心呀？我如有這樣的想法，上天都會怪罪我！」

陶謙再三相讓，劉備始終不肯接受。

糜竺說：「現在兵臨城下，暫且先商議退兵之策，等曹兵退卻之後，再相讓也不遲。」

劉備說：「容我先給曹操寫封信，講明事實眞相，勸他息兵。如果曹操不答應，再跟他廝殺。」陶謙自然高興，於是按兵不動。劉備修書一封，派人給曹操送去。

曹操看過來信，大怒道：「劉備不知深淺，也敢寫信勸我？況且字裡行間還有諷刺之意，我絕不善罷甘休。」但當聞報呂布兵犯濮陽後，不得已賣了個人情給劉備，於是回信，答應罷兵，曹兵拔寨退去了。

陶謙一見曹兵已退，便派人請孔融、田楷、關羽、趙雲等進徐州赴宴，陶謙請劉備上座，然後對眾人說：「老夫年邁，兩個兒子又才智平庸，不堪國家重任。劉皇叔是皇室宗親，又德高望重，定能管理徐州。我情願休閒養病，讓出徐州。」

劉備說：「孔文舉讓我來救徐州，是爲了伸張正義；今天如據爲己有，必將被天下人恥笑，說我是不義之人。」

糜竺說：「現在刀兵四起，漢室頹廢，朝綱不振，正是大丈夫建功立業之時。徐州殷富，戶口百萬，劉皇叔接過徐州，也好大幹一番事業，請不要推辭了。」劉備說：「此事萬萬不能從命，袁紹四世三公，海內皆知，他就在附近的壽春，還是讓他來管理徐州吧。」

孔融卻說：「袁紹並非豪傑，如墳中的枯骨，不值一提！今天的事，是上天賜予皇叔的，如再推辭將悔之不及了。」劉備仍舊不肯。

陶謙大哭道：「您如果捨我而去，我死不瞑目呀！」陶謙再三相讓，劉備還是不接受。

陶謙說：「如皇叔不肯接管徐州，徐州制下有個小縣，名叫小沛，可以屯軍。請皇叔暫駐此縣，還可以保護徐州，如何？」眾人勸劉備，劉備這才答應。趙雲等告別而去，劉備與關羽、張飛帶領本部人馬來到小沛，修整城牆，安慰百姓，在小沛駐下來。

一天，陶謙忽然患病，病勢漸漸沈重，於是，請糜竺、陳登議事。糜竺建議請劉備前來主政。

陶謙派人到小沛請劉備。劉備帶著關羽、張飛來到徐州。劉備向陶謙問安，陶謙說：「請皇叔來不爲別的事，只因爲我病體沈重，恐怕朝夕難保，希望您以漢家城池爲重，接受徐州，老夫我死也瞑目了！」

劉備說：「您有兩個兒子，爲什麼不讓他們來接管徐州？」陶謙說：「我的兩個兒子才能平庸，擔當不了重任。老夫死後，還希望皇叔教誨，千萬不要讓他們掌管州中之事。」劉備說：「我一人如何擔當這個重任呢？」

陶謙說：「我向您推薦一人，可以輔佐您。他叫孫乾，此人可爲從事。」然後又對糜竺說：「劉皇叔是當世的人傑，你應當好好幫助他，共成一番大事。」劉備始終不肯接受，陶謙以手指心而死。

眾人哀悼完畢，便捧徐州牌印交給劉備。劉備堅絕不受。眾人及關、張二人也再三相勸，劉備才答應暫且接管。

於是，劉備調來小沛的所有人馬進駐徐州。劉備同時安排陶謙的喪事，劉備與大小軍士全都掛孝，把陶謙安葬在黃河之原。又把陶謙遺表，申奏朝廷。

逢紀獻下反客計　袁紹堂皇占冀州

在三國演義中，十八路諸侯討伐董卓何其雄闊；關羽溫酒斬華雄、虎牢關三英戰呂布，使多少英雄成名。然而各路諸侯各懷鬼胎，終致分崩離析。

十八路諸侯盟主袁紹屯兵河內，缺少糧草。冀州牧韓馥派人送來錢糧以供軍用。謀士逢紀勸袁紹道：「大丈夫縱橫天下，爲什麼要等著別人送糧食！冀州是錢糧豐盈的富裕之地，將軍爲什麼不奪下冀州？」

袁紹說：「只是沒有好的計策。」逢紀說：「將軍可以暗地派人給公孫瓚送信，讓他進兵攻取冀州，我軍夾攻。公孫瓚必然興兵進攻冀州，韓馥是軟弱無能之輩，一定會請將軍掌管冀州事，抵抗公孫瓚。您可以趁機奪取冀州，這樣冀州豈不唾手可得。」袁紹非常高興，馬上寫信給公孫瓚述說奪取冀州之事。公孫瓚見袁紹願與他共同奪取冀州，然後平分其地，十分高興，立即興兵攻打冀州。

袁紹又祕密派人報告韓馥，說公孫瓚興兵進攻冀州。韓馥慌忙召集荀諶、辛評兩位謀士商議，荀諶說：「公孫瓚率領燕、代兩地將士，長驅而來，氣勢難以抵擋。何況還有劉備、關羽、張飛幫助，更是難以對付。現今，袁紹智勇過人，手下名將眾多，將軍何不請他一同抵抗公孫瓚，他一定會盡心幫助將軍，如此就不怕公孫瓚了。」韓馥馬上要派別駕關純去請袁紹。

長史耿武進諫道：「袁紹是狐客窮軍，完全依靠我們，就好像嬰兒在股掌之上，如果停止哺乳，馬上便會餓死。爲什麼要把冀州的事委託給他？這是引狼入室。」韓馥卻說：「我是袁家的故吏，才能又不如袁紹。古人都能擇賢讓位，你們爲什麼嫉妒呢？」耿武歎息道：「冀州一定不保了！」於是有三十多人棄職而去，只有耿武與關純埋伏在城外，專等袁紹到來。

沒過幾天，袁紹來到冀州城下，耿武、關純拔刀而出，想要刺殺袁紹，袁紹的大將顏良斬了耿武，文丑砍死關純。袁紹進入冀州城，任命韓馥爲奮威將軍，用田豐、沮授、許攸、逢紀分別掌管冀州諸事，奪走了韓馥的權力。韓馥後悔不迭，於是丟下家小，隻身一人投奔陳留太守張邈去了。

公孫瓚聽說袁紹已經占據了冀州，便派弟弟公孫越來見袁紹，想平分冀州之地。袁紹用計害死了公孫越。從人逃回見公孫瓚，報告公孫越已死。公孫瓚大怒，逕起本部軍馬，殺奔冀州。但公孫瓚不是袁紹的對手，戰敗自縊而死。這樣，幽州也落入了袁紹之手。

逢紀這一反客爲主之計，爲袁紹得了冀、幽二州。袁紹本是無能之輩，但手下多忠勇謀略之士爲其效命，故而也能成事。

問從來誰是英雄？
一個農夫，一個漁翁。
晦蹟南陽，棲身東海，一舉成功。
八陣圖名成卧龍，
《六韜》書功在非熊。
霸業成功，遺恨無窮。
蜀道寒雲，渭水秋風。

元．查德卿《蟾宮曲．懷古》

敗戰計

第六篇

第三十一計：美人計

【原文】

兵強者，攻其將；將智者，伐其情。將弱兵頹，其勢自萎。「利用禦寇，順相保也。」

【譯文】

如果敵軍強大，就設法對付他的將領；對付足智多謀的將領，就要設法動搖他的意志。敵人將領鬥志衰退，兵卒士氣低落，戰鬥力就會喪失殆盡。充分利用敵人弱點進行控制和分化瓦解，就可以保存自己，扭轉局勢。

【計名探源】

美人計，語出《六韜．文伐》：「養其亂臣以迷之，進美女淫聲以惑之。」意思是，對於軍事實力強大的敵方，要使用「糖衣炮彈」，先瓦解敵方將帥的意志，使其內部喪失戰鬥力，然後再行攻取。對兵力強大的敵人，要制服他的將帥；對於足智多謀的將帥，要設法去腐蝕他。如果將帥鬥志衰退，那麼士卒肯定士氣消沈，就失去了作戰能力。所以我們要利用多種手段，攻其弱點，我方就能得以保存實力，由弱變強。

王允設計送美人　呂布好色兒殺父

中國傳統社會的男人有時眞的無恥，每當在政治、軍事鬥爭處於劣勢乃至於絕境時，便將女人作爲殺手鐧祕密地拋出。用這些女人的青春和個人幸福爲代價，去獲得成功，然後又用紅顏禍水、女人誤國的陳辭濫調來對女性加以迫害，自己則躲在一旁或做預言家或做評論家，而且古人在兵書上，還專門將此作爲一計——美人計。

美人計的始作俑者，在春秋戰國時就有，在那場人人皆知、曠日持久的吳越爭雄中，就與一個美麗的女人糾纏在一起。使得這場戰爭少了一些血腥，平添了許多淒豔迷離的色彩。這個女人就是人們共同塑造、光照千古的美女——西施。

西施本來是個浣紗女，被勾踐送到吳國，用來迷惑吳王夫差。當時吳國強大，靠武力，越國不能取勝。

越大夫文種向越王獻上一計：「高飛之鳥，死於美食；深泉之魚，死於芳餌。要想復國雪恥，應投其所好，衰其鬥志，這樣，可置夫差於死地。」西施就是在這種情況下被送到吳國的。不知是吳王好色誤國，還是越王復仇決心之大，或是二者兼而有之，最終越王在文種和范蠡的幫助下滅掉吳國。

然而，幫助越王復國功勞最大的西施，卻被越人沈水而死，因爲她沾有亡國的氣息。

在三國演義中，也出了一位風華絕代的美女——貂嬋，貂嬋之美與西施齊名。她的命運似乎不如西施好，她只是豪門中的一個歌妓，然而，她的命運卻和朝中大臣的爭鬥聯繫在一起，平靜的生活頓起波瀾，這時，她的美貌成了一方制勝另一方的法寶，她沒有辦法主宰自己的命運，像棋盤上的一個棋子，任人擺弄。

西元一八九年，在鎮壓黃巾起義中「立有戰功」的董卓，率兵進入了洛陽，廢掉漢靈帝，立獻帝，獨攬朝中大權。漢獻帝還要稱他「尚父」，其權勢之大，不言而喻。朝中文武官員誰要是說話不小心，觸犯了他，就要丟腦袋。朝臣們由於自己的生命朝不保夕，無不對董卓恨之入骨。

董卓看出丁原是他專權的障礙，遂起殺機，收買了丁原的部將呂布，將丁原殺死。從此董卓權傾朝野，爲所欲爲，竟然犯下指揮士兵屠殺無辜百姓的暴行。董卓的殘暴專橫犯了眾怒，統治集團內部產生了分裂。

司徒王允見董卓如此的驕橫跋扈，濫施殺戮，而且還有篡位之野心，日夜憂心如焚。時刻想除掉他，但苦於一時沒有良策，一直心情不暢。

一天晚上獨自在後花園中散步，忽聞花叢後有輕微的歎息聲，王允頓覺奇怪，輕步上前一看，原來是養女貂嬋在歎息流淚。

貂蟬從小選入府中，教以歌舞，年紀剛滿十六歲，色藝俱佳，王允以親女看待。貂嬋看王允來到近前，匆忙起身拜見。王允愛憐地問道：「是什麼事使你這樣傷心，夜深人靜在這裡歎息？」

貂嬋回答說：「這些年來，您一直待我如親生女兒，我今生今世也報答不完大人的養育之恩，總想著能有機會爲您效力。近來看到您心事重重，好像有什麼大事發生，但又不敢動問，所以只好在夜晚向上天祈禱，爲大人分憂。」

一番話聽得王允十分驚訝，萬沒想到平日只會跳舞彈琴的貂嬋，竟然暗自替自己分憂。看著立在他跟前貌若天仙的貂嬋，忽地靈機一動，計上心來，於是問道：「你心裡眞是這樣想的嗎？」

貂嬋見王允略有猶豫的意思，有些發急地說：「只要能爲您分憂解難，我就是粉身碎骨也在所不辭！」王允扶起貂嬋，心中頗有感觸：「想不到漢室的復興還要靠她呢！」

王允帶著貂嬋來到內室，掩好門窗，然後說：「董卓專權亂政、權傾朝野，恐怕漢室江山要爲他所得。爲了先主的重託，保住漢室江山，唯一的辦法就是儘快除掉董卓，這件事只有靠你了。」

貂嬋聽了不由一愣，說：「大人何出此言？」

王允試探地問：「有個重任想授予你，不知你肯不肯去完成？」

貂嬋不假思索答道：「想妾蒙大人提攜，以親女相待，此恩雖粉身碎骨，亦難報於萬一，若有用妾之處，萬死不辭！」

「好，不愧爲奇女子！」王允說。王允扶貂嬋上座，叩頭便拜。貂嬋大驚，急伏地懇問：

「大人不可如此！」

王允淚流滿面地說：「今百姓有倒懸之苦，君臣有壘卵之虞，非你則無法拯救。想你亦清楚，賊臣董卓把持朝政，將欲篡位，朝中文武無計可施。董賊有一義子呂布，驍勇非常，我看此二人皆是好色之徒，今欲使用美人計，以你爲餌，好從中行事，務要使他們翻臉，叫呂布殺了董卓，這樣便可以挽救江山，不知你意下如何？」

貂嬋答：「妾既許大人，萬死不辭了，永不後悔，若不達成任務，即大義不報，願死於萬刃之下！」

王允大喜，再深深向貂嬋一拜。

於是王允授意貂嬋對付董卓之計。

時過不久，董卓義子大將呂布在府中宴請賓客，王允藉機派人參加，並送去許多珍貴之物。呂布不知爲何居司徒高位的王允，要給自己一個小小的騎都尉送厚禮，於是決定親去王府，一是探明究竟，二是作爲回拜。

此後，王允常常請呂布到家中飲酒聊天，日子久了，呂布覺得王允待他好，感情就漸漸接近了。

有一天，呂布又在王府飲宴，酒至半酣，王允叫「女兒」出來敬酒。

王允命貂嬋前來獻酒。經過刻意修飾過的貂彈，容貌豔麗，楚楚動人，在侍女的攙扶下，由內室款款走出。呂布一見貂嬋不由得兩眼發直。心中暗自說：「眞想不到天下竟有如此美女！」

呂布看得愣住，直到王允和他說話，才發現自己失態，忙掩飾地問道：「小姐是貴府什麼人？」

王允漫不經意地回答說：「是小女貂嬋。」隨後讓貂嬋爲呂布敬酒。貂嬋爲呂布斟滿了一杯酒，裝出一副羞澀的樣子，雙手獻給呂布。呂布連忙接過酒杯，偷看貂嬋，正巧貂嬋也在看他，二人的目光碰到一起。

王允見狀心中暗喜，對貂嬋說：「你陪將軍多喝幾杯，讓將軍盡興，今後我們還仰仗將軍呢！」然後讓貂嬋坐在身邊。

一會，王允瞪著醉眼，又指著貂嬋對呂布說：「將軍，你是我最崇拜的英雄，也是最好的朋友，今有一言，冒昧說出，我想將小女送予將軍，來個親上加親，不如將軍肯賞臉否？」

呂布喜出望外，即刻離座作揖拜謝，「若得如此，布當效犬馬之勞。」隨即跪下叩頭。「岳父大人在上，請受小婿一拜。」

王允答禮，親自扶起呂布說道：「待我選個吉日良辰，便送小女到府上。」呂布歡喜無限，偷眼看看未婚妻，貂嬋亦秋波送情，把呂布撩撥得如醉如癡。

席散了，王允對呂布說，本欲留將軍住宿，又怕太師見疑，亦不敢強留了，呂布才拜謝回去。

呂布如此好色，他中計也是理所當然的。不知忍女色，害身害己不說，更容易被別人利用。

第二天，散朝後，王允、董卓走在一起，王允邀請董卓去府上喝酒做客，董卓很痛快地答應了。

隔了一天，董卓在侍衛的簇擁下，來到了王允的府邸，王允以隆重的禮節歡迎董卓，然後擺上酒席，分賓主落座，邊飲酒邊交談，氣氛十分融洽。

王允不斷奉承董卓功德無量、功高蓋世，聽得董卓心花怒放，連連點頭表示贊同對他的吹捧。

董卓與王允越談越投機，酒興也愈來愈濃。王允舉手向侍從示意，音樂聲徐徐響起，伴隨著樂曲走出一隊歌女，個個長得國色天香，婀娜多姿。忽然珠簾一啓，眾女簇擁出一位絕色美人來，向董卓深深一拜，嫣然一笑悄悄送來一個媚眼，逗得董卓如中風一樣渾身不能動彈，急問：「此女是何人？」

王允答：「歌妓貂嬋。」說罷便叫貂嬋展玉喉，歌唱一曲，董卓聽後連聲稱妙。

貂嬋唱罷歌兒，向董卓敬酒時，董卓輕聲問：「你今年幾歲了？」

貂嬋答：「賤妾年正十六歲。」

董卓撫鬚大笑，「如此美豔，眞仙人也。」

王允趁機說：「允欲將此女獻予太師，未知肯納否？」董卓恨不得如此，即答：「如此見惠，何以報答？」

王允道：「說什麼報答。太師肯接納此女，就是給老夫臉面了！」王允立即命人備車，先將貂嬋送到太師府去，董卓哪裡還坐得住？吃得下？連忙起身告辭，王允又親送董卓直到相府才返回。

王允乘馬走到半路，正碰著呂布迎面而來，怒沖沖地一把揪住王允，厲聲問：「司徒既以貂嬋許配於我，今天又爲何送予太師，是否拿我開玩笑？」王允急止住他說：「這不是說話的地方，請到寒舍去。」

呂布跟王允到家，進入後堂。王允問：「將軍何故怪責老夫？」呂布說：「有人報告說你把貂嬋送入了相府，究竟是何緣故？」

王允答：「將軍，你錯怪老夫了，今日太師到來，他對我說，聽說我把貂嬋許給你，要我趁良辰吉日把小女送去與你成親。太師之命老夫怎敢違之。」

呂布見王允說的合情合理，無可指責，就向王允賠罪，然後離去。

呂布回府後，坐臥不安，夜不能寐。

第二天一早就藉故來到太師府打探消息。侍衛告訴呂布，太師新得美人，還未起床呢，呂布大怒，潛入後房窺探。

見貂嬋正起身在窗下梳頭，她見呂布正在張望，便故意把眉頭一鎖，裝出憂愁樣子，且掏出手帕抹眼淚。

一會，呂布出去了，頃刻又入，那時董卓已坐在中堂吃早餐了，見了呂布就問：「外面沒發生什麼事？」

呂布隨便答道：「沒有。」即侍立董卓旁邊，偷眼向簾內張望，見貂蟬在簾內若隱若現的，露出半臉，向呂布媚目送情，弄得他魂不守舍。董卓見此情景，心中疑惑，揮手叫呂布出去。

董卓自從寵愛貂蟬之後，爲色所迷，月餘不出理事，董卓偶得小病，貂蟬衣不解帶地服侍左右，董卓更加歡喜。

有一天，呂布入內向董卓問安，董卓正在午睡，貂蟬在床後探出頭來望呂布，以手指心，又指指董卓，不停地抹眼淚，呂布見狀，正滿懷悲恨難言，適董卓睜開雙眼，見床前站著呂布，目不轉睛地望著床後的貂蟬，即叱罵曰：「畜生！你想調戲我愛姬！」喚左右將呂布趕出，今後不准入後堂，呂布怒恨而歸。

事後董卓後悔，賞賜呂布金帛，並好言安慰。自此以後，呂布雖然身在董卓左右，但心實貼在貂蟬身上了。

一天，當董卓上朝議事，呂布執戟相隨，董卓在與漢獻帝談話的時候，呂布趁機出門，上馬回相府，尋著貂蟬，貂蟬說此地談話不便，叫他先到後園的鳳儀亭去等待。

呂布等了一會，方見貂蟬翩翩而來，一見面，貂蟬即泣告呂布：「我雖非王司徒親女，但自許配將軍，覺已償平生之願，誰知太師存心不良，將我姦污了，我恨不早死，只因未見將軍一面，故含垢忍辱，今幸見了將軍，死亦無憾了，我身已被汙，不得再事奉英雄，願死在君前，以明我志。」說罷即手攀曲欄，向荷池便跳。

呂布慌忙將她抱住，亦泣曰：「我知你心很久了，只恨沒有機會接近。」貂嬋掙扎，扯住呂布的衣袖說：「我今生不能嫁你，只願來世。」

呂布答：「我今生不能以你爲妻，非英雄也。」貂蟬又說：「我已度日如年，望你及早把我救出去。」

呂布忽然想起，遲疑一會，對貂嬋說：「我是偷空出來的，來久了老賊見疑，還是趕快回去好。」貂蟬忙把他的衣袍牽住說：「你如此怕老賊，我永無重見天日機會了。」

呂布答：「慢慢想辦法吧！」說完提戟欲去。

貂嬋自怨自艾地說：「我在深閨就聞你之名，以爲是當今大英雄，誰知反受人制，膽小如鼠。」說得呂佈滿臉羞慚，欲行又止，即放下戟，回身把貂嬋抱住用好言相慰。兩人於是偎偎倚倚、喁喁細語，難捨難分。

卻說董卓和獻帝在殿上談話時，回頭卻不見了呂布，心下懷疑，即辭別獻帝，登車回府，見呂布的馬繫於府前，問門吏，答溫侯入後堂去了。

董卓心知有異，喝退左右，單獨逕入後堂去，尋人不見，喚貂嬋亦不見，急問使女，答曰貂嬋在後園看花。

董卓步入後園，不看猶可，原來呂布和貂嬋兩人肩搭肩地並排坐，淺談低斟，戟卻放在一旁。登時無名火起，大喝一聲，呂布一驚，回身便走，董卓搶到戟，挺著追趕，呂布走得快，董卓肥胖趕不上，將戟向呂布一擲，呂布把戟撥落在地。董卓搶戟再趕，呂布卻已走出後園了。

董卓一路趕來，忽一人飛奔前來，和董卓一撞，把董卓撞倒，這人原來是謀士李儒。

李儒扶起董卓回書房坐下，董卓問他來做什麼？李儒說：「適至相府，聽說太師盛怒入後園，找尋呂布，故急忙趕來，正遇呂布奔出，說太師要殺他，故我趕來勸解，不意誤撞恩相，死罪死罪。」

董卓氣呼呼地說：「此小子居然敢調戲我的愛姬，誓必殺死他！」

李儒連忙說：「恩相差矣，從前楚莊王在絕纓會上，不追究調戲愛姬的蔣雄，後被秦兵圍困時，得蔣雄死力相救，才免於難。今貂嬋不外一名歌妓而已，呂布又是太師的心腹猛將，不如乘此機會把貂嬋賜給他，他必知恩報德，死心追隨太師了，還請太師三思！」

這番話說得董卓心動，沈思良久，說：「你言亦是，待我考慮一下。」

李儒辭出，董卓即入後堂，責問貂嬋爲何與呂布私通？貂嬋半泣半訴說：「妾在後園看花，呂布突至，妾方驚避，他竟說我是太師之子，何必相避呢？隨提戟趕妾至鳳儀亭。妾見其居心不良，怕爲所辱，想投河自盡，卻被這廝抱住，正在生死關頭，幸得太師趕至，才救了性命。」

董卓才消了氣，安慰一番，問貂嬋：「我想將你賜給呂布，你看怎樣？」

貂嬋大驚，哭著說：「妾身已屬大人，奈何要下賜家奴？妾寧肯死也不從！」順手拿了牆上的寶劍要自刎。董卓慌忙奪劍，把她抱住說：「我和你開個玩笑，何必認眞！」貂嬋即倒在董卓懷裡，掩面大哭起來，罵：「此必李儒之計，他與呂布相好，故設此計，不顧太師體面和賤妾性命，妾當生啖其肉。」

董卓徐徐說：「我怎忍捨棄你。」貂嬋說：「雖然太師憐愛，但此處不宜久居，怕早晚為呂布所害。」董卓說：「我明天帶你回郿塢去，離開這裡就不怕被暗算了。」貂嬋才收淚拜謝。

次日，李儒拜見董卓，說：「今日良辰，可將貂嬋賜予呂布。」

董卓答：「呂布是我兒子，怎可以賜給，你傳我意，我不追究過去就是了。」

李儒說：「請太師三思，不可為女人所惑。」

董卓即變色答：「你肯把老婆送予呂布否！貂嬋之事，再勿多言，言則必斬。」李儒於是惶恐出去。

董卓帶貂嬋回郿塢之時，百官俱來拜送，貂嬋在車中遙見呂布站在人群中，呆眼望著自己，她便作掩面哭泣狀，令呂布如癡如醉，歎息痛恨。

忽然背後一人問：「溫侯為何不跟太師去？還在遙望歎息？」

呂布回頭一看，原來是司徒王允，兩人相見後，王允就說：「老夫近日身體不適，閉門不出，故久未與將軍見面，今太師歸郿塢，只得抱病來送行，剛好又得見將軍，請問將軍爲何在此長吁短歎呢？」

呂布答：「還不是爲了你的女兒貂蟬！」

王允佯驚問道：「這麼久時間未讓小女與將軍完婚？」

呂布怒沖沖答：「老賊自己寵幸久了。」

王允急了，再問：「眞有此事？那太過分了，太過分了！」

呂布便將前事一一告訴王允，王允半晌不語，過一會才說：「想不到太師竟有此亂倫之行，簡直禽獸不如，不如禽獸！」說完拉著呂布的手說：「且到寒舍商量商量。」

兩人進入王允的密室裡，置酒相待，呂布再復述一遍鳳儀亭之事。王允做出無可奈何樣子，徐徐地說：「這樣看來，太師已淫我之女、奪將軍之妻，的確太丟臉了，人們恥笑的不是太師，而是將軍與老夫我。但老夫已年邁了，無足爲奇，只可惜將軍蓋世英雄，亦受此汙……」話猶未了，呂布即怒氣沖天，拍案大叫起來，王允急忙勸止：「老夫失言，將軍請息怒。」

呂布更加大聲，暴跳起來說：「誓殺此老賊，雪吾心頭之恨。」王允急掩呂布口說：「將軍勿言，恐累及老夫。」

呂布說：「大丈夫生於天地間，豈能久居人下！」

王允說：「說的也是，以將軍之才，誠非董太師所能限制的。」

呂布忽又沈下氣來，自言自語說：「我殺此老賊，誠易如反掌，無奈我是他的兒子，以子殺父，怕被人議論。」

王允微笑說：「將軍自姓呂，太師自姓董，擲戟之時，豈有父子之情！」

呂布豁然開懷說：「非司徒提起，幾乎自誤，吾意已決，不殺此老賊誓不爲人！」

王允見呂布意志堅決了，乃言及董卓奪權篡國陰謀，曉以建功立業大勢，說得呂布頻頻點頭。再歃血盟誓，同心協力爲國除奸。

一天，漢獻帝在未央宮會見大臣。董卓上朝時，爲了提防暗算，他在朝服裡穿上鐵甲。在乘車進宮的大路兩旁，派衛兵密密麻麻排成一條夾道。他還叫呂布帶著長矛在他身後保衛著。經過這樣安排，他認爲萬無一失了。

他哪兒知道王允和呂布早已商量好了。呂布約了幾個心腹勇士扮作衛士混在隊伍裡，專門在宮門口守著。

董卓座車一進宮門，就有人拿起戟向董卓的胸口刺去。但是戟扎在董卓胸前鐵甲上，刺不進去。董卓用胳膊一擋，被戟刺傷了手臂。他忍著痛跳下車，叫著說：「吾兒奉先在哪兒？」

呂布從車後站出來，說：「奉皇上詔書，討伐賊臣董卓！」說完，舉起長矛，一下子戳穿了董卓的喉頭。兵士們擁上去，把董卓的頭砍了下來。

王允正確地利用了董卓荒淫貪欲的弱點，以此作爲突破口，最終達到了目的。這就是三國演義中的第一「美人計」！

董卓被殺，這個故事似乎結束了，故事中的主要人物——貂嬋被呂布接走了，說實話，呂布比董卓好不了多少，也是一個見利忘義、反覆無常、貪財好色的小人，不然又怎麼會爲一個女人跟董卓翻臉呢（董卓是呂布的義父）？

斯人已矣，貂嬋是羅貫中筆下的一個美麗、機智、勇敢的女性形象。至於她家住哪裡、姓氏名誰，都無從知道。她也許是被衣食無著的父母賣入侯門的，也許是在兵荒馬亂中與親人失散的。

總之，她是一個失去父母親人而以色藝承歡於人的苦命女子，她的身世無疑是淒涼的。千百年來，人們只關注奸賊被殺，而沒有人去關注貂嬋的情感。貂嬋是一個正當妙齡的美貌少女，她本應有歡樂的青春、甜蜜的愛情，但她失去了這一切，也扭曲了自己的天性，對她個人而言，這實在是一種悲劇。

趙範有意贈美人　趙雲無心貪美色

三國演義中，還有一處用過美人計，不過這次美人計沒有靈驗，碰到了坐懷不亂的趙雲。趙雲奉劉備、諸葛亮之命率兵攻打桂陽。早有探馬報知桂陽太守趙範。

趙範急忙召集眾將商議對策。管軍校尉陳應、鮑隆願領兵出戰。原來二人都是桂陽嶺山鄉的獵戶，陳應會使飛叉，鮑隆曾射殺雙虎。二人自恃勇力，於是對趙範說：「太守不必擔心，我二人願爲您出戰。」

趙範說：「我聞聽劉玄德是大漢皇叔；更兼孔明多謀，關、張極勇；今領兵來的趙子龍，在當陽長阪坡百萬軍中，如入無人之境。我桂陽能有多少人馬？不可迎敵，只可投降。」陳應道：「我願出戰。若擒不得趙雲，那時太守再投降不遲。」趙範拗不過，只得應允。

陳應領三千人馬出城迎敵，早望見趙雲領軍來到。陳應列成陣勢，飛馬挺叉而出。趙雲挺槍出馬，責罵陳應道：「我家主公劉玄德，乃劉景升之弟，今輔公子劉琦同領荊州，特來撫民。你等爲何與我爲敵！」

陳應罵道：「我等只服曹丞相，豈順劉備！」趙雲大怒，挺槍驟馬，直取陳應。陳應哪裡是趙雲的對手，幾個回合便被活捉。

趙雲並沒有加害陳應，而是放他回去，陳應謝罪，抱頭鼠竄，回到城中，對趙範盡言其事。趙範道：「我本欲降，你卻要強戰，以致如此。」於是叱退陳應，手捧印綬，引十數騎出城投降了趙雲。

趙雲出寨迎接，並置辦了酒菜熱情款待趙範，酒至數巡，趙範道：「將軍姓趙，我也姓趙，五百年前還是一家。將軍是眞定人，我也是眞定人，又是同鄉。倘蒙不棄，結爲兄弟，實爲萬幸。」

趙雲大喜，趙雲與趙範同年。只是趙雲長趙範四個月，於是趙範拜趙雲爲兄。二人同鄉，同年，又同姓，十分相得。天色很晚，酒宴才結束，趙範告辭回城。

第二天，趙範請趙雲入城安民。趙雲並沒有帶大軍進城，只帶五十騎親兵入城。趙雲安民完畢後，趙範邀請趙雲入衙飲宴。酒至半酣，趙範又請趙雲入後堂，重新擺宴再飲。趙雲微微有醉意。

忽然，趙範請出一女子，爲趙雲敬酒。趙雲見這女子雖身穿縞素，卻有傾國傾城之色，於是，便問趙範：「這是何人？」

趙範道：「我家嫂嫂樊氏。」趙雲馬上恭敬地回敬樊氏。樊氏敬酒完畢，趙雲謝過。樊氏辭歸後堂。

趙雲道：「賢弟爲何要煩你家嫂嫂親自敬酒？」

趙範笑道：「這中間有個緣故，望兄長不要推辭，家兄去世已三載，家嫂寡居，終究不是辦法，弟常勸其改嫁。嫂嫂卻說：『若得三件事兼全之人，我方嫁之：第一要文武雙全，名聞天下；第二要相貌堂堂，威儀出眾；第三要與家兄同姓。』天下事就這般湊巧，兄長堂堂儀表，名震四海，又與家兄同姓，正合家嫂所言。若不嫌家嫂相貌醜陋，願陪嫁資，嫁予兄長爲妻，結累世之親，如何？」

趙雲聞聽大怒而起，厲聲喝道：「吾既與你結爲兄弟，你嫂即是我嫂也，豈可做此亂人倫之事！」趙範羞慚滿面，答道：「我好意相待，如何這般無禮！」於是，目視左右，有相害之意。

趙雲已覺察到，一拳打倒趙範，逕出府門，上馬出城去了。

趙範見如此，急喚陳應、鮑隆商議。陳應道：「趙雲大怒而回，不如截住廝殺。」

趙範道：「但恐贏他不得。」鮑隆道：「我兩個去他處詐降，太守卻引兵來搦戰，我二人趁機擒他。」

陳應道：「必須帶些人馬。」

鮑隆道：「五百騎足矣。」當夜二人引五百軍直奔趙雲寨來投降。趙雲已知道二人前來詐降，於是喚二人進帳。二人來至帳下說：「趙範欲用美人計賺將軍，只等將軍醉了，扶入後堂謀殺，拿將軍的人頭去曹丞相處獻功；如此不仁，我二人不願追隨。見將軍是英雄，因此前來投降。」

趙雲假裝高興，置酒與二人痛飲。二人大醉，趙雲將二人綁在帳中，擒其手下人問之，果是詐降。趙雲喚桂陽五百軍入內，各賜酒食，傳令道：「要害我的是陳應、鮑隆；不干眾人之事。你等按我的計策行事，皆有重賞。」眾軍拜謝。

趙雲將降將陳、鮑二人當時斬了；卻教那五百軍士引路，趙雲親自領兵一千在後，連夜到桂陽城下叫門。城上守軍聽說陳、鮑二將軍殺了趙雲而回，城上士兵用火把照看，果是自家軍馬。急報趙範，趙範急忙出城。趙雲喝左右將趙範拿下，於是入城，安撫百姓已定，飛報劉備。

劉備與諸葛亮親赴桂陽。趙雲迎接入城，推趙範於階下。諸葛亮問之，趙範把欲嫁嫂之事述說一遍。

諸葛亮對趙雲說：「這是好事，將軍爲何如此？」

趙雲卻說：「趙範既與我結爲兄弟，今若娶其嫂，惹人唾罵，一也；其婦再嫁，使其失大節，二也；趙範初降，其心難測，三也。主公新定江漢，枕席未安，趙雲怎敢以一婦人而廢主公之大事？」

劉備道：「今日大事已定，與你娶樊氏如何？」

趙雲又說：「天下女子不少，但恐名譽不立，何患無妻子乎？」

劉備道：「子龍眞丈夫也！」

於是，劉備下令放了趙範，仍令其爲桂陽太守，重賞趙雲。

美人計雖高，並不是每次都靈，這次就失靈了。當年關羽三誓降曹時，曹操爲了徹底收買關羽，就對關羽用過美人計，但關羽不爲美色所動，把曹操送來的美女給退回去了。看來，用美人計要分對誰，並不是對每個人都靈驗。

第三十二計：空城計

【原文】

虛者虛之，疑中生疑；剛柔之際，奇而復奇。

【譯文】

本來兵力空虛，又故意把空虛的樣子顯示給敵方，使敵人眞假難辨，在疑惑之中更加疑惑。在敵強我弱的情況下，運用這種策略顯得更加奇妙。

【計名探源】

空城計是一種心理戰術。在自己無力守城的情況下，故意向敵人暴露我方空虛，即所謂的「虛者虛之」。敵方產生懷疑，認爲這裡面有陰謀，便會猶豫不前，即所謂的「疑中生疑」。敵人怕城內有埋伏，不敢陷進埋伏圈內。但這是玄而又玄的「險策」。使用此計的關鍵，是要把握好敵方將帥的心理狀態及性格特點。

春秋時期，楚國的令尹公子元是楚文王的弟弟。楚文王死後，公子元想霸占文王的妃子文夫人。於是，他用各種方法去討好文夫人，文夫人卻無動於衷。但公子元並不甘心，他想建立功業，顯示自己的才幹，以此討得文夫人的歡心。

西元前六六六年，公子元親率兵車六百乘，浩浩蕩蕩，攻打鄭國。楚國大軍一路連戰皆勝，直逼鄭國國都。鄭國是小國，都城內沒有重兵把守，無力抵擋楚軍的進犯。

鄭國危在旦夕，群臣慌亂，有的主張賠款議和，有的主張決一死戰。這兩種主張都不是上策。上卿叔詹說：「議和與決戰都無利於我。固守待援，倒是可取的方案。鄭國和齊國訂有盟約，而今有難，齊國會出兵相助。只是空談固守，恐怕也難守住。公子元伐鄭，實際上是想邀功圖名，討好文夫人。他一定急於求成，特別害怕失敗。我有一計，可退楚軍。」

鄭國按叔詹的計策，在城內做了安排。命令士兵全部埋伏起來，不讓敵人看見一兵一卒。令店鋪照常開門，百姓往來如常，不准露出一絲慌亂之色。然後大開城門，放下吊橋，擺出完全不設防的樣子。

楚軍先鋒到達鄭國都城城下，見此情景，心中起疑，莫非城中有了埋伏，誘我中計？於是不敢妄動，等待公子元。公子元趕到城下，也覺得好生奇怪。他率眾將到城外高地探視，見城中確實空虛，但又隱約看到了鄭國的旌旗甲士。公子元認爲其中有詐，不敢貿然進攻，決定先派人進城探聽虛實，暫時按兵不動。這時，齊國接到鄭國的求援信，已聯合魯、宋兩國發兵救鄭。公子元聞報，知道三國兵到，楚軍定不能勝。好在也打了幾個勝仗，還是趕快撤退爲妙。他害怕撤退時鄭國軍隊會出城追擊，於是下令全軍連夜撤走，人銜枚、馬裹蹄，不出一點聲響。所有營寨都沒有拆，旌旗照舊飄揚。

第二天清晨，叔詹登城一望，說道：「楚軍已經撤走。」眾人見敵營旌旗招展，不信敵人已經撤軍。叔詹說，如果營中有人，怎會有那樣多的飛鳥在盤旋呢？

孔明撫琴擺空城　仲達中計自退兵

諸葛亮一出祁山，北伐中原。魏主曹睿急派司馬懿統率大軍來抗拒蜀軍，兩軍爭奪的焦點是街亭和柳城。諸葛亮派馬謖和王平同守街亭，派高翔守柳城。然而馬謖言過其實，是趙括一般的人物，不按諸葛亮的吩咐安營紮寨，結果街亭丟失。

諸葛亮聽說街亭、柳城皆被魏軍奪去後，頓足長歎說：「大事難成，這全都是我的過錯啊！」急忙命關興、張苞率兵退往陽平關；又令張翼引軍去修理劍閣，以備退路。三軍將帥收拾行囊準備啟程，姜維、馬岱斷後，伏於山谷中，待大軍退盡方能收兵。又祕密通告天水、南安、安定三郡軍民皆入漢中，派心腹把姜維老母送入漢中。

諸葛亮把這一切布置妥當之後，身邊已無大將，只有一班文官，且城中守軍只有二千餘人。手下人來報，司馬懿率領十五萬大軍向西城殺奔而來。

諸葛亮親自登城觀看，果然塵土沖天，魏兵分兩路直奔西城殺來。諸葛亮傳令眾將：把旌旗全部藏起來，所有士卒各守城池，不准隨便出入及高聲喧譁，違者立刻斬首；城門大開，每座城門有二十名軍士扮作百姓，灑掃街道，魏兵到時，不可擅自亂動，自有破敵之策。諸葛亮身披鶴氅，頭戴綸巾，帶著兩個小童，攜琴於城樓之上，憑欄而坐，焚香撫琴。

司馬懿所統之軍前哨來到城下，見了如此情況，不敢進城，急忙飛報司馬懿。司馬懿卻不相信，於是止住三軍，親自觀望，果然見諸葛亮端坐於城樓之上，笑態盈盈，焚香撫琴。左有一童子，手捧寶劍；右有一童子，手執麈尾。城門內外有二十餘百姓，低頭灑掃，旁若無人，根本沒有敵軍壓境的慌恐氣氛。

司馬懿看完後驚疑不止，親自到中軍，命令後軍變作前軍，前軍變作後軍，往北沿山路而退。次子司馬昭對司馬懿說：「是不是諸葛亮並無大軍，故意擺出這種陣勢？父親為何退兵？」司馬懿說：「你們哪裡知道，諸葛亮一生謹慎，不會弄險。現今城門大開，定有埋伏，我軍如果進城，必定中計。」於是，兩路魏兵全部退去。諸葛亮見魏軍退去，撫掌而笑。手下人無不駭然，於是問諸葛亮說：「司馬懿是魏國名將，今統十五萬精兵到此，見了這座空城，便急速退去，這是為什麼呢？」諸葛亮說：「司馬懿知道我平生謹慎，必不弄險；見了這等光景，疑有伏兵，所以退去。我並不是要冒險，這實在是沒辦法，不得已而用之。司馬懿一定是率軍往北路退去。我已令關興、張苞二人在那裡等候。」

眾官都驚訝佩服道：「丞相玄機，神鬼莫測。如果是我們，一定是棄城逃跑了。」諸葛亮又說：「我們只有二千五百軍兵，如果棄城逃跑，一定是跑不遠，那還不被司馬懿捉住？」

司馬懿退到武功山，忽聽山後喊殺聲四起，鼓聲震天，回頭對二子說：「我們如果不撤，必中諸葛亮之計。」只見張苞引兵殺來，魏兵皆棄甲拋戈而逃。又跑了沒多遠，山谷中又喊殺聲四起，關興引兵殺來，山谷回聲，不知蜀軍多少，魏軍心驚膽戰，不敢久停，只得丟下糧草輜重而去。關興、張苞二人也不追趕，盡得軍器糧草而回。

後來，司馬懿得知西城當時只是一座空城，並無士兵把守，只是諸葛亮的空城計而已，司馬懿後悔不迭，仰天長歎：「我眞不如諸葛亮啊！」於是率兵返回長安，諸葛亮也安全地撤回了漢中。

民間有句俗語：諸葛亮的空城計，只能用一次。仔細推敲，這句話還是有道理的，原因有三。

首先，用此計必須是諸葛亮本人，因爲在所有人的心目中形成一種定式，諸葛亮絕不弄險。在一出祁山時，魏延曾要求領兵五千，從子午谷襲擊長安。諸葛亮認爲這不是萬全之策，並不採納。事後，司馬懿說：「諸葛亮用兵過於謹愼，如果是我，則先從子午谷襲取長安，早得多時矣。非他無謀，只是不肯弄險。」其次，魏軍統帥必須是司馬懿，換另外一個人也不行，因爲司馬懿知道諸葛亮一生絕不弄險。諸葛亮知道司馬懿老謀深算而又固執，如果是司馬師或司馬昭也絕行不通，況且，二人曾提醒司馬懿有可能是諸葛亮的空城計。第三，切記，諸葛亮的空城計只能用一次，再來一次就不靈了。所以諸葛亮說：「吾非行險，蓋因不得已而用之。」

趙雲大擺空營計　曹操聰明反被誤

人們只知道諸葛亮的空城計，殊不知，趙雲也擺了個空營計。黃忠在定軍山斬了夏侯淵，曹操大怒，親率大軍來討伐，諸葛亮派黃忠、趙雲前去迎敵。黃忠、趙雲商議：「曹操引大兵至此，糧草接濟不上，如果派一人深入其境，燒其糧草，奪其輜重，曹操必定銳氣大挫。」於是，二人約定午時爲期，黃忠去燒曹軍糧草，如不能按時返回，趙雲前往接應。

當夜，黃忠帶著副將張著出發，黃忠領人馬在前，張著在後，偷渡漢水，直到北山之下。東方日出，見曹軍糧草堆積如山。有很少軍士看守，見蜀兵到，全都逃走。黃忠正要令士兵放火，張郃領兵殺到，與黃忠混戰一處。曹操聞知，急令徐晃接應。徐晃、張郃二人將黃忠團團圍住。

趙雲在營中，等到午時，不見黃忠回營，急忙披掛上馬，引三千軍向前接應。臨行，對副將張翼說：「你可堅守營寨。兩邊多設弓弩，以爲準備。」張翼連聲應諾。趙雲率兵直至北山之下，見張郃、徐晃兩人圍住黃忠，軍士被困多時。趙雲大喝一聲，挺槍驟馬，殺入重圍，左衝右突，如入無人之境。張郃、徐晃心驚膽戰，不敢迎敵。趙雲救出黃忠，且戰且走。所到之處，無人敢阻。曹操在高處望見，驚問眾將：「此將何人？」左右人說：「這是常山趙子龍。」曹操說：「昔日長阪英雄尚在！」急傳令：「所到之處，不許輕敵。」趙雲救了黃忠，又救了張著。曹操見趙雲東衝西突，救了黃忠，又救了張著，勃然大怒，自領左右將士來趕趙雲。趙雲已殺回本寨。部將張翼接應，望見後面塵起，知是曹兵追來，對趙雲說：「追兵漸近，可令軍士閉上寨門，上城樓防護。」趙雲大喝道：「休閉寨門！你豈不知我昔日在當陽長阪時，單槍匹馬，覷曹兵八十三萬如草芥！今有軍有將，又何懼哉！」

於是，營門大開，趙雲單槍匹馬，立於營門之外。張郃、徐晃領兵追至蜀寨，天色已暮；見寨中偃旗息鼓，又見趙雲單槍匹馬，立於營外，寨門大開，二將不敢前進。正遲疑之間，曹操親到，急催眾軍向前。眾軍聽令，大喊一聲，殺奔營前，見趙雲全然不動，恐有埋伏，曹兵翻身就回。趙雲把槍一挺，壕中弓弩齊發。時天色昏黑，曹操不知蜀兵多少。操先撥馬回走。只聽得後面喊聲大震，鼓角齊鳴，蜀兵趕來。曹兵自相踐踏，擁到漢水河邊，落水死者，不知其數。趙雲、黃忠、張著各引兵追殺，操正奔走間，逢劉封、孟達率二支兵，從米倉山路殺來，放火燒糧草。操棄了北山糧草，忙回自己的營地。趙雲、黃忠大獲全勝。

看似極冒險的舉動，其實卻隱含著趙雲「智」的一面。曹操是個極聰明的人，在他的頭腦中，趙雲這般做事謹慎的人，絕不會冒這個「敞開城門」的危險，即便曹操的一員大將已提到此舉可能是虛設的騙人之計，曹操仍未相信，於是聰明反被聰明誤，失去了一個好機會。趙雲正是抓住了曹操的這種心態，與之鬥智鬥勇，反敗為勝。難怪劉備同諸葛亮前至漢水，看過趙雲擺下的空營，深有感慨地讚歎：「子龍一身都是膽也！」

第三十三計：反間計

【原文】

疑中之疑。比之自內，不自失也。

【譯文】

在敵人布置的疑陣中，再反設一層疑陣，稱之爲反間。利用敵人內部的策略去謀劃敵人，那麼自己就不會遭受損失。

【計名探源】

反間計是指在疑陣中再布疑陣，使敵內部的人歸順，我方就可萬無一失。在戰爭中，雙方使用間諜是十分常見的。

《孫子兵法》就特別強調間諜的作用，認爲將帥打仗，必須事先瞭解敵方的情況。要準確掌握敵方的情況，不可靠鬼神，不可靠經驗，「必取於人，知敵之情者也」。這裡的「人」，就是間諜。

《孫子兵法》專門有一篇《用間篇》，指出有五種間諜。利用敵方鄉裡的普通人做間諜，叫「因間」；收買敵方官吏做間諜，叫「內間」；收買或利用敵方派來的間諜爲我所用，叫「反間」；故意製造和洩漏假情況給敵方的間諜，叫「死間」；派人去敵方偵察，再回來報告情況，叫「生間」。

唐代杜牧對此計解釋得特別清楚，他說：「敵有間來窺我，我必先知之，或厚祿誘之，反爲我用；或佯爲不覺，示以僞情而縱之，則敵人之間，反爲我用也。」

周瑜反間除蔡張　曹操中計斬羽翼

三國演義中最出名、最出色的反間計，當數赤壁之戰前周瑜間殺蔡瑁、張允之計。

漢獻帝建安十三年秋天，曹操親率八十餘萬大軍，想奪取江南東吳。東吳的孫權任命周瑜爲大都督，統兵迎戰，雙方在三江口安營紮寨，對峙於南北兩岸。

一天，周瑜在左右的護衛下，乘坐樓船前往江北探看曹軍水寨，發現曹操水軍陣容嚴整有序，不禁大吃一驚道：「深得水軍之妙也。」便問左右，曹操水軍都督是誰？左右回答說是蔡瑁、張允。周瑜聽罷心想：蔡瑁、張允二人久居江東，熟習水戰，必須先設法除掉蔡、張二人，然後才能大破曹兵！於是，便命令樓船返航，回到本寨。

第二天，周瑜正在帳中議事，忽然接到軍報，說是曹操軍中有故人蔣幹前來拜望。

原來，曹軍和東吳見過一陣，結果曹軍大敗而歸，挫動銳氣，曹操便聚眾將和謀士商議破敵之策。

帳下有一位姓蔣名幹字子翼的幕賓，站出來說：「我自幼與周郎同窗，願憑三寸不爛之舌，到江東說服此人來降。」曹操大喜，置酒菜與蔣幹送行。

蔣幹葛巾布袍，帶一小童，駕一隻小舟，逕往周瑜寨中，這就是蔣幹來訪的目的。周瑜何等聰明，豈能不知，笑著對在座的眾將說：曹操的說客到了。於是，靈機一動，計上心頭，對眾將如此這般地吩咐了一番，就帶領隨從數百人，前呼後擁地出寨迎接蔣幹。

周瑜把蔣幹迎到寨中，相互寒暄禮畢後，便大張筵席，盛情款待，還請在座的文武官員出席作陪。

周瑜對在座的文武官員說：「這是我的同窗好友，雖然從江北大營而來，卻不是曹家的說客，請各位不要疑慮。」並解佩劍交予部將太史慈，令其監酒，交代說：「今日我與故人相會，只敘友情，不談軍政，如有違反者，立斬不赦。」蔣幹聽了這話，嚇了一跳，不敢多說話。

周瑜又說：「我自從軍以來，滴酒不沾，今天見了故人，又無顧慮，當一醉方休。」說罷大笑，開懷暢飲。蔣幹本是奉主公曹操之命，以故舊之情前來勸說周瑜歸降的。誰料周瑜一下就把門給封死了，只好飲酒談笑。一時間，在座文武，杯觥交錯，談笑風生。

飲至半酣，周瑜拉著蔣幹手，走出大帳，見左右軍士都全副武裝，持戈執戟而立。

周瑜說：「我東吳士兵，威武雄壯嗎？」蔣幹說：「果眞是熊虎之士！」又拉著蔣幹到帳後，望著堆積如山的糧草。

周瑜說：「我軍的糧草足備嗎？」

蔣幹說：「兵精糧足，名不虛傳。」

周瑜佯醉對蔣幹說：「假使蘇秦、張儀復出，口似懸河，舌如利劍，也不能打動我啊！」說罷大笑。蔣幹面如土色。

周瑜又拉蔣幹入帳，同諸將再飲，並指著諸將說：「這些都是江東豪傑。今日宴會，可稱之爲『群英會』。」

一直飲宴到晚上，點上燈燭，周瑜親自舞劍作歌。歌罷，滿座歡笑。一直鬧到深夜，蔣幹辭謝說：「我已不勝酒力。」周瑜命人撤宴散席，諸將辭出。

這時，周瑜佯裝酒醉，對蔣幹說：「子翼（蔣幹的號），難得今日老友相聚，今晚就與我同眠一榻吧！」邊說邊拉著蔣幹朝自己的大帳走去。

到了帳裡，周瑜自顧和衣躺在榻上，嘔吐不止，滿地狼籍，不一會兒，便呼呼地「睡熟」了，蔣幹卻睡不著，聽到軍中已打二更。

蔣幹藉著帳內殘燈起身張望，猛然見到書案上堆著一卷文書。蔣幹偷偷地看了看，全是軍中往來信函，於是，便悄悄起來翻閱偷看，見其中一信封，上寫「蔡瑁、張允謹封」，蔣幹大驚，偷偷閱讀，信上竟寫著這樣一段話：

某等降曹，非圖仕祿，迫於勢耳。今已賺北軍困於寨中，但得其便，即將操賊之首，獻於麾下，早晚人到，便有關報。幸勿見疑。先此敬復。

不看便罷，一看之後，蔣幹的心不由得猛然往下一沈，心想：原來蔡瑁、張允竟是暗通東吳的奸細！於是，把信藏在衣袋裡，正要再翻動其他書信時，周瑜在床上翻身滾動，蔣幹急忙熄燈就寢。

周瑜依然躺在那裡深睡未醒，還在說著夢話：「子翼，數天之內，我教你看看曹賊的首級！」蔣幹勉強應答。

周瑜又說：「子翼，且住！……教你看操賊之首……」說完又打起鼾來了。蔣幹聽了這些夢話，更是又急又氣，卻不敢聲張，只得再和衣躺下，假裝入睡，也想在暗中再探個究竟。

到了四更時，朦朧中，忽見外面有人進入帳內，將周瑜輕輕叫醒，周瑜如夢中剛醒，忽見床上有人，便問：「床上睡的是什麼人？」來人答道：「都督請子翼同榻而睡，難道都督忘記了。」

周瑜懊惱地說：「我平日不曾飲酒，昨天是不是酒後失態說了一些什麼話！」來人悄悄說道：「江北有人到此。」周瑜連忙示意來人住口，又低聲喚蔣幹：「子翼！」見蔣幹並未答話，這才放心。

周瑜起身與那人走出帳外。蔣幹又模模糊糊聽到那人在帳外對周瑜說：「蔡、張二將說，『急切下不得手』……」不一會兒，周瑜回到帳內，走到榻前叫了蔣幹幾聲，蔣幹只是蒙頭假睡，不予理睬。周瑜見蔣幹不「醒」，自己又躺下睡著了。

到了五更天時，蔣幹眼看天將大亮，便偷偷起身，走出大帳，帶上隨從，一溜煙兒駕船回到曹軍大寨。

回到大寨後，曹操詢問此行去南岸遊說周瑜歸降情況如何？蔣幹回報說：周瑜心志雅量很高，並非言詞所能說動。曹操聽了很不高興道：「遊說不成，豈不反被恥笑！」蔣幹便接著又說：「主公且勿憂慮，這次過江，雖然遊說不成，卻爲您打探到一件極重要的事。請丞相退掉左右！」說著，便拿出從周瑜帳中偷來的信給曹操看，並將昨夜所見所聞一一向曹操稟報。

曹操不聽則已，一聽勃然大怒，立即命人將蔡瑁、張允叫來帳中，厲聲說道：「我命你二人今日進軍東吳！」蔡、張二人不知底細，便回稟道：「眼下水軍尚未練熟，不宜輕進。」曹操聽罷大怒，喝道：「等到水軍練熟，我的首級早已獻給周瑜了吧！」蔡、張二人聽了這話，一時摸不著頭腦，慌忙之中，也不知如何應答，正在猶豫之時，曹操下令將二人立即推出轅門斬首。

但曹操何等精明，馬上意識到中了周瑜的反間計，急喚刀斧手，卻爲時已晚，蔡、張二人已被斬首了。

一條並不高明的反間計，使曹操殺掉了兩個能與東吳抗衡的水軍都督。其實，曹操並沒有仔細分析蔣幹所盜之書，其中疑點有四：

第一，周瑜是何等人物，明知蔣幹來勸降，豈能與蔣幹同榻而眠，而不另置別寨；

第二，大敵當前，身爲三軍都督，又豈能與客人飲酒至醉；

第三，兩軍交兵，元帥的大帳應有重兵守衛，外人又怎能隨便出入；

第四，蔣幹離別東吳之時，無人送別、無人阻攔、無人通報，而任其自行出入，這就已經讓人懷疑了。

如果曹操能識破周瑜的反間計，也許赤壁之戰會是另一種結果，也許曹操眞的會統一天下。這只能是假設，但曹操如不殺蔡瑁、張允二人，也有可能敗北，恐怕不會輸得一塌糊塗吧！

曹操施用反間計　馬超韓遂反成仇

三國演義中還有一處反間計，就是曹操離間馬超、韓遂，最終徹底破馬超、收韓遂，一舉平定西涼，這也是曹操軍事生涯的得意之作。

馬騰與劉備、董承等要共謀曹操，不料事洩，反被曹操所害。馬超爲報殺父之仇，盡起西涼之兵向許昌殺來。潼關一戰，曹操割鬚棄袍，大敗而歸。然而，曹操兵多將廣，馬超終不能取勝。

時值隆冬，相持不下，韓遂部將李堪道：「不如割地請和，兩家且各罷兵，捱過冬天，到春暖別作計議。」韓遂曰：「李堪之言最善，可從之。」

馬超猶豫不決。楊秋、侯選皆勸求和，於是韓遂派楊秋爲使，前往曹操大寨下書，言割地請和之事。曹操說：「你且先回寨，我來日使人回報。」楊秋辭去。

賈詡入見曹操說：「丞相主意如何？」

曹操說：「公所見若何？」

賈詡說：「兵不厭詐，可假意答應；然後用反間計，令韓、馬相疑，則一鼓可破馬超。」

曹操撫掌大喜：「天下高見，多有相合。文和之謀，正是我心中所想的。」於是遣人回書：「兩家罷兵，我軍徐徐退兵，還河西之地。」一面教搭起浮橋，做退軍之意。

馬超得書，對韓遂道：「曹操雖然答應講和，但奸雄難測。倘不準備，反受其制。我與叔父輪流調兵，今日叔父向曹操，我向徐晃；明日我向曹操，叔父向徐晃。分頭防備，以防有詐。」韓遂依計而行。

早有人報知曹操。曹操顧賈詡道：「我大事已成！」問左右：「明日是誰向我這邊？」左右報曰：「韓遂。」

次日，曹操引眾將出營，左右圍繞，曹操獨顯一騎於中央。韓遂部卒多有不識操者，出陣觀看。曹操高叫道：「你們不是要觀看我曹操嗎？我也和一般人沒什麼兩樣，並非有四目兩口，只是足智多謀罷了。」

韓遂軍皆有懼色。曹操使人過陣對韓遂道：「丞相謹請韓將軍答話。」韓遂即出陣；見曹操並無甲仗，也棄掉甲仗，輕服匹馬而出。二人馬頭相交，各按轡對語。

曹操說：「我與將軍之父，同舉孝廉，我嘗以叔侄之禮相待。我與將軍同登仕路，不覺有些年了。將軍今年年紀幾何？」

韓遂答道：「四十歲矣。」曹操又說：「往日在京師，我等都青春年少，不覺中年已過！難得天下太平啊！」只是細說舊事，並不提起軍情。說罷大笑，相談有一個時辰，才各自歸寨。早有人將此事報知馬超。馬超忙來問韓遂：「今日曹操陣前所言何事？」

韓遂道：「只訴京師舊事。」

馬超又問：「爲什麼不言軍務呢？」

韓遂道：「曹操不言，我一個人又怎麼談軍務？」馬超對韓遂起了疑心，並沒說什麼便退出去了。

曹操回寨後對賈詡說：「先生知道我陣前談話的意思嗎？」

賈詡說：「此意雖妙，還不能徹底離間二人。我有一計，能使韓遂、馬超自相仇殺。」

曹操忙問其計。賈詡說：「丞相親筆作一書信，單獨交給韓遂，中間於要害處，自行塗抹改動，然後送予韓遂，故意使馬超知道此事。馬超必然要看來信。若看見上面要緊去處，盡皆改抹，只猜是韓遂恐馬超知道機密事，自行改抹，正合單騎會語之疑；疑則生亂。我再暗結韓遂部下諸將，互相離間，馬超必敗無疑。」曹操大喜，隨寫書一封，將緊要處盡皆改抹，然後實封，故意多派人送過寨去，下了書自回。

果然有人報知馬超，馬超更加懷疑，來找韓遂索要書信觀看。韓遂把書信交給馬超。馬超見上面有改抹字樣，問韓遂道：「書上如何都改抹糊塗？」

韓遂道：「原書如此，不知何故。」

馬超說：「豈有以草稿送予人的？必是叔父怕我知了詳細，先改抹了。」

韓遂說：「難道曹操錯將草稿送來了。」

馬超說：「我卻不信，曹操是精細之人，豈有差錯？我與叔父並力殺賊，奈何忽生異心？」

韓遂道：「你若不相信我，來日我在陣前賺曹操說話，你從陣內突出，一槍刺殺便了。」馬超答應。

第二天，韓遂引侯選、李堪、梁興、馬玩、楊秋五將出陣。馬超藏在門影裡。韓遂派人到曹操寨前高叫：「韓將軍請丞相答話。」

曹操派曹洪引數十騎出陣前與韓遂相見。馬離數步，曹洪馬上欠身說道：「夜來丞相拜意將軍之言，切莫有誤。」說完便回。

馬超聽完大怒，要殺韓遂，眾人勸住。韓遂說：「賢侄休疑，我絕無二心。」馬超哪裡肯信，恨怨而去。韓遂與五將商議曰：「這事如何解釋？」楊秋說：「馬超倚仗武勇，常有欺凌主公之心，便勝得曹操，怎肯相讓？以我愚見，不如暗投曹公，他日不失封侯之位。」

韓遂說：「吾與馬騰結為兄弟，怎能背叛呢？」楊秋說：「事已至此，別無他法。」韓遂問：「誰可以通消息？」楊秋說：「我願意通報消息。」

楊秋來見曹操，述說投降之事。曹操大喜，許封韓遂爲西涼侯、楊秋爲西涼太守。其餘皆有官爵。約定放火爲號，共謀馬超。楊秋拜辭，回見韓遂，備言其事：「約定今夜放火，裡應外合。」韓遂大喜。

不想馬超早已探知此事，便帶親隨數人，仗劍先行，令龐德、馬岱爲後應。馬超潛步入韓遂帳中，只見五將與韓遂密語，只聽得楊秋口中說道：「事不宜遲，可速行之！」

馬超大怒，揮劍直入，大喝曰：「群賊焉敢謀害我！」眾皆大驚。馬超一劍往韓遂面門剁去，韓遂慌以手迎之，左手早被砍落。五將揮刀齊出。帳後火起，各路兵馬皆動。

馬超連忙上馬，龐德、馬岱亦至，互相混戰。這時，曹操派來接應的人馬到了：前有許褚，後有徐晃，左有夏侯淵，右有曹洪。西涼之兵，自相殘殺。馬超大敗，帶著龐德、馬岱向隴西臨洮而去。

曹操親自追至安定，知馬超去遠，方收兵回長安。眾將聚集，韓遂已無左手，做了殘疾之人，授西涼侯之職。楊秋、侯選皆封列侯，令守渭口。

一條並不高明的反間計，決定了一場戰爭，看來反間計的確是威力無比。爲什麼反間計容易成功呢？其實仔細分析，就能明白。

原因有二：

第一，多數人都有致命的弱點——猜疑，相互之間不信任，便讓敵方有機可乘。

第二，反間計實施起來較容易些，不必投入太大的人力和物力。成功了，可以大功告成；失敗了，自己沒什麼損失。

這大概就是反間計屢試屢成的原因吧！

鄧艾用計間後主　劉禪信讒貶良將

三國後期，姜維是諸葛亮選定的接班人，姜維果然不負諸葛亮的厚愛和重託，苦心竭智，致力於諸葛亮的未竟事業，決心恢復中原。怎奈由於種種原因，四次北伐均以失敗告終。

姜維爲了報答諸葛亮的知遇之恩，準備伐魏。有人對姜維說：「曹魏立國已久，國力雄厚，難以動搖，蜀國攻之好比撼山，還是嚴守疆界，待國力增強後再討伐不遲。」

姜維道：「丞相早知三分天下，但他爲了先主還是六出祁山，北伐中原。我既受了丞相的遺命，就該繼承丞相的大業。」

姜維兵出祁山，對手是曹魏名將鄧艾，姜維難以取勝，只好退守。不久，姜維又重整兵馬再與鄧艾交戰，鬥智鬥勇，終於大敗鄧艾。鄧艾決定據守不戰，姜維連日圍寨，鄧艾覺得如此下去恐非長久之計，就與眾將商議對策。

司馬望說：「蜀後主劉禪寵信宦官黃皓，又終日沈溺於酒色，不明事理，如果能用反間計離間他君臣二人，必能成功。」鄧艾覺得此計很好，於是派襄陽人黨均前去成都施計。

黨均帶了許多財物，迅速趕往成都，到了成都後，到處散佈流言，說姜維對後主不滿，早晚必反。同時，黨均用重金賄賂宦官黃皓，使他在劉禪面前進讒言。

俗話說，好事無人知，壞事傳千里。不久，成都城上下議論，都說姜維要投魏國。黃皓見時機已到，便添油加醋，淨說姜維的壞話。劉禪不明眞相，便命人速召姜維回師。

姜維在兩軍陣前，不知成都之事，見詔後回到成都，見了劉禪，明白了事情的眞相。劉禪無言以對，對姜維說：「我知你忠心，你先回漢中去吧，等待時機，再進兵中原。」

不久，魏國發生大亂，司馬昭以魏王曹髦不尊臣子爲由，發動叛亂，殺了曹髦及一些反對自己的大臣，更立新君。

姜維見時機來了，高興地說：「司馬氏作亂，人心未定，正是伐魏的好機會。」他奏明後主劉禪，細說緣由，準備出兵。

臨別之時，姜維又對劉禪說：「臣這次出兵，定要大功告成。請陛下親賢臣，遠小人，免得我有後顧之憂。」這時，黃皓就在旁邊，姜維盯著他，把他嚇得直往劉禪的背後躲。

姜維這次北伐，果然順利，接連大敗鄧艾，鄧艾損兵折將，還差點丟了性命，但仍被姜維緊緊困住。

鄧艾苦守月餘，眼見支援不住，又想起上次施反間計的黨均來。鄧艾命人把黨均叫來，讓他多帶財寶，再去施計。

黨均不敢耽擱，星夜來到成都，求見黃皓，黃皓見了財寶，自然高興。黨均說：「姜維與鄧將軍大戰，鄧將軍準備退守渭水。姜維揚言，說您專權，等他打退了鄧將軍，立了大功，便來整肅朝綱。鄧將軍怕您有危險，所以派我前來報信。」

黃皓是無能懦弱的小人，頓時慌了手腳，他顧不了許多，逢人便說姜維要反叛，果不其然，沒幾天的工夫，流言就滿布成都了。

黃皓覺得還不解恨，又到後主劉禪處進讒言，劉禪不思前次教訓，竟連下詔書，派人連夜送往祁山！要姜維馬上班師。

姜維拒不退兵，直到接到了三道詔書，無奈仰天長歎，退兵而去。

姜維回到成都，欲查明事情眞相，劉禪卻一連十餘天不上朝。後來，姜維知道黃皓造謠，頓時大怒，直闖入宮中，見後主劉禪正在飲宴，黃皓在一旁斟酒。黃皓一見姜維來了，驚叫一聲，嚇得往後山山洞跑去。

姜維責問後主劉禪，劉禪又是無話可說。姜維要殺黃皓，劉禪反而替黃皓求情，姜維見此情景，自知大事難成，只好長歎一聲，出宮而去。

姜維的失敗與蜀國國力衰微有關，但這是其中的一方面，可劉禪卻不明眞相，屢屢中了鄧艾的反間計，姜維縱有天大的本事也無力回天。如此之忠臣卻遇上如此無能昏聵之君，實在令人歎息！

都說虎父無犬子，劉備一世英雄，卻偏偏生了一個扶不起來的阿斗。即便是諸葛亮這樣的千古智者也無濟於事，更不用說是姜維了。

第三十四計：苦肉計

【原文】

人不自害，受害必眞；假眞眞假，間以得行。童蒙之吉，順以巽也。

【譯文】

人在正常情況下，不會自己傷害自己，如果傷害自己，必定別有用意。這樣以假作眞、以眞爲假，那麼計謀就能實現了。就要像欺騙幼童那樣迷惑對方，順著他那柔弱的性情來達到目的。

【計名探源】

人們都不願意傷害自己，因此自我「傷害」有時可取信於人。對方如果以假當眞，定會信而不疑。這樣才能使苦肉之計得以成功。此計其實是一種特殊的離間計。運用此計，「自害」是眞，「他害」是假，是以眞亂假。己方要造成內部衝突激化的假像，再派人裝作受到迫害的樣子，藉機插到敵人心臟中去進行間諜活動。

苦肉計出自《吳越春秋》，春秋時期，吳王闔閭殺了吳王僚，自立爲王。吳王僚的兒子慶忌是天下聞名的勇士，正在衛國招兵買馬，準備攻打吳國，奪取王位。闔閭懼怕慶忌爲父報仇，因此整日提心吊膽。

闔閭要大臣伍子胥替他設法除掉慶忌，伍子胥向闔閭推薦了一個智勇雙全的勇士，名叫要離。

闔閭見要離矮小瘦弱，有些失望地說道：「慶忌人高馬大，勇力過人，你如何殺得了他？」

要離說：「刺殺慶忌，要靠智不能靠力。只要能接近他，事情就好辦了。」

闔閭說：「慶忌防範嚴密，又怎麼能夠接近他呢？」

要離說：「請大王砍斷我的右臂，殺掉我的妻子，這樣我就能取信於慶忌。」闔閭不肯答應。

要離說：「爲國亡家，爲主殘身，我心甘情願。」

吳國忽然流言四起：闔閭殺君篡位，是無道昏君。吳王下令追查，原來流言是要離散布的。闔閭下令捉了要離和他的妻子，要離當面大罵昏君。闔閭假借追查同謀，未殺要離，只是斬斷了他的手臂，把他夫妻二人收監入獄。

幾天後，要離卻從監獄逃走了。闔閭聽說要離逃跑了，就殺了他的妻子，並發佈公文捉拿要離。這件事不僅傳遍吳國，連鄰近的國家也都知道了。

要離在吳國待不下去了，逃到衛國，求見慶忌，要求慶忌爲他報斷臂殺妻之仇，慶忌接納了他。

要離果然接近了慶忌，他勸說慶忌伐吳。要離成了慶忌的親信。慶忌乘船向吳國進發，要離乘慶忌沒有防備，從背後用矛盡力刺去，刺穿了其胸膛。慶忌的衛士捉住要離，要殺掉他。

慶忌說：「敢殺我的也是個勇士，讓他走吧！」慶忌因失血過多而死。

要離完成了刺殺慶忌的任務，家毀身殘，也自刎而死。這就是春秋時期最著名的苦肉計。

周瑜定下苦肉計　曹操上當敗赤壁

三國演義中的攻打殺伐驚心動魄，但鬥智鬥勇也妙計層出。單單是赤壁之戰就是計計相連，令人拍案叫絕。眾計之首當屬苦肉計，如果苦肉計不成，其他則計計不成。

諸葛亮草船借箭以後，又不謀而合地與周瑜一起提出了火攻曹兵的作戰方案。恰在此時，已投降曹操的荊州將領蔡和、蔡中兄弟，受曹操的指使，來東吳大營詐降。周瑜知道曹操在用計，索性將計就計，故意盛情接待了蔡氏兄弟。蔡氏兄弟自以爲詐降得逞，但他二人怎麼也沒想到，周瑜正要利用他們爲曹操提供假消息。

一天夜裡，周瑜正獨自在帳內考慮兵事，黃蓋潛入帳中來見。黃蓋，字公覆，零陵人，當年曾隨孫堅討伐董卓。孔明舌戰群儒時，他曾自外而入，厲聲對諸謀士說：「孔明是當世奇才，君等以唇舌相難，非敬客之禮。今曹操大軍臨境，不思退敵良策，卻徒鬥口舌！」是東吳主戰將領之一。

周瑜問黃蓋：「公覆深夜到此，一定是有良謀賜教。」

黃蓋說：「敵眾我寡，不宜與之久持，爲什麼不用火攻來破曹兵？」

周瑜忙問：「是誰教公獻此計？」

黃蓋說：「是我自己所想，非他人所教。」

周瑜說：「我也要用此計破曹兵，所以留下前來詐降的蔡和、蔡中，以通消息。只是無人爲我行詐降之計。」

黃蓋說：「我願行此計！」

周瑜說：「不受些苦，恐怕難以使曹操信服？」

黃蓋說：「我受孫氏厚恩，即便肝腦塗地，也絕無怨悔！」

周瑜拜謝道：「老將軍如能行此苦肉計，這是我整個江東的萬幸。」黃蓋說：「即死無怨！」

第二天，周瑜升帳，召集諸將，命令他們各領取三個月的糧草，分頭做好破曹的準備。黃蓋打斷周瑜的話，搶先說：「不用說三個月，就是領取三十個月的糧草，恐怕也無濟於事。如果這個月內能打敗曹操，再好不過了；如果一個月之內不能擊潰曹兵，倒不如按張昭的主意，束手投降。」周瑜聽了這番擾亂軍心的投降論調後，勃然大怒，喝令左右將黃蓋推出帳外，斬首示眾。

黃蓋也不示弱道：「我自追隨先將軍以來，南征北戰，已歷三世，那時不知你還在做什麼。」黃蓋顯然是倚老賣老，根本就沒把周瑜放在眼裡。這就越發使周瑜怒不可遏，他命令速斬。

大將甘寧以黃蓋是東吳功勳老臣爲由，替黃蓋求情。周瑜下令：亂棒打出大帳。眾文武官員一見都督如此盛怒，都擔心黃蓋性命難保，就一齊跪下爲黃蓋求情。

看在眾人的面上，周瑜改爲重打一百脊杖。眾人還覺得杖罰過重，弄不好老將還是有性命之憂，仍舊苦苦相求，請求從輕發落，周瑜寸步不讓，掀翻案桌，斥退眾人，喝令速速行刑。行刑的士兵把黃蓋掀翻在地，剝了衣服，狠狠地打了五十脊杖。眾人再次苦苦相求，周瑜才恨聲不絕地退入帳中。這就是被後世廣爲傳佈的「周瑜打黃蓋——一個願打，一個願挨」的故事。

五十軍棍把黃蓋打得皮開肉綻，鮮血迸流，在場的人無不爲之動容。眾人把他扶回大寨，一連昏死過幾次，其他將領來探視時，黃蓋只是長吁短歎，並不多說話。當他的密友闞澤前來視疾時，黃蓋才道出了實情。而且，闞澤也看出了周瑜打黃蓋是苦肉計。

闞澤，字德潤，會稽山陰人，博學有才。黃蓋對闞澤說：「我受吳侯三世厚恩，無以回報，故獻苦肉計破曹。我遍觀軍中，唯有您有忠義之心，所以以心腹大事相託。您機智敏慧，能言善辯，膽識過人，所以想讓您去曹營獻詐降書。」

闞澤欣然應諾道：「大丈夫處世，不能立功建業，與草木同朽。您能甘願受刑報國，我又有什麼捨不得呢！」黃蓋滾下床來拜謝闞澤。

闞澤當夜扮作漁翁，駕一葉小舟望北岸駛來。三更時候，到了曹軍水寨。被巡寨士兵拿住，連夜報知曹操。曹操聽說東吳參謀闞澤有機密事來見，便命人引進帳來。巡寨士兵把闞澤引進曹操大帳，帳內燈燭輝煌，曹操襟衣正座道：「你既是東吳參謀，來我的水寨做什麼？」闞澤說：「人言曹丞相思賢若渴，今日一見，卻不是這樣。」曹操說：「我與東吳旦夕交兵，你私行到此，如何不問？」闞澤說：「黃公覆是東吳三世老臣，今被周瑜在眾人前無端毒打，不勝憤恨。為了報仇，所以要投降丞相，我與公覆情同骨肉，特來獻密信，不知丞相能否收納。」說著，呈上密信。

富有閱歷、老謀深算的曹操，面對闞澤的詐降書，將信將疑。在燈下反覆看了十多次，忽然拍案張目大怒道：「黃蓋用苦肉計，令你下詐降書，我豈能被你矇騙！」令左右將闞澤推出斬首。闞澤面不改色，仰天大笑。曹操喝斥道：「我已識破你的奸計，你為何大笑？」闞澤說：「我並非笑你，是笑黃公覆不識人！」曹操問：「為什麼不識人？」闞澤說：「殺便殺，何必多問！」曹操說：「我自幼熟讀兵書，深知奸偽之道。你這條苦肉計瞞過別人，卻瞞不過我！」闞澤說：「這哪裡是奸計？」曹操便舉信中不明約來降時間為證。闞澤就此事不但解釋得天衣無縫、無懈可擊，還譏諷曹操枉自熟讀兵書而不識機謀。曹操聽了，態度馬上轉變道：「我見識不高，誤犯尊威，請勿見怪。」闞澤說：「我與公覆傾心來降，如嬰兒盼望父母，豈能有詐。」曹操大喜，置酒款待闞澤。

不一會兒，有人入帳，在曹操耳邊私語，闞澤便知是蔡氏兄弟將黃蓋受刑之事用密信報來。曹操得了蔡氏兄弟的密信，對闞澤投降之事更加深信不疑，便請闞澤速回江東，與黃蓋約定來降時間，也好接應。闞澤故意推辭再三，這才答應。

闞澤回見黃蓋後，便又和甘寧策劃一計：知道蔡氏兄弟要進帳來，便讓甘寧在蔡氏兄弟將進帳時，故意拍案大叫，說些周瑜無情，不能受其凌辱，決計降曹的話；等蔡氏兄弟進帳，甘寧又以他和闞澤的話被蔡氏兄弟聽見為由，拔劍要殺掉蔡氏兄弟。

蔡氏兄弟不知是計，以為甘寧、闞澤真心要降曹，反將自己詐降的事和盤托出，四人共飲，各道心曲。蔡氏兄弟馬上又寫密信報知曹操，說與甘寧同為內應。闞澤另自寫信，遣人密報曹操，具言黃蓋欲來，沒有機會，一旦有機可乘，只看船頭插青龍牙旗而來者便是。

一切準備妥當之後，周瑜又巧妙地讓龐統潛至曹營，為曹操獻上了將戰船拴到一起的「連環計」。這樣一來，曹操的戰船或三十隻一隊，或五十隻一組，都用鐵鎖連到一起，並在船上鋪了木板，士卒戰馬往來如履平地。

建安十三年（二〇八年）十一月二十日，孫、劉聯軍方已做好大戰前的準備與部署。東南風驟起，並愈來愈急。黃蓋將準備好的二十隻大船，裝滿蘆葦乾柴，澆上魚油，準備好引火用的硫磺、焰硝等物，然後用青布油單蓋好，船頭釘滿大釘，並豎起詐降的聯絡標識——「青龍牙旗」。每條大船後面各繫著行動便捷的小船，以備放火後撤退。黃蓋致書與曹操約定當晚帶著糧船來降。周瑜也安排好接應黃蓋的船隻和進攻的後續隊伍。

江北的曹操，見了黃蓋的密信後大喜。與諸將來到水寨的大船之上，專等黃蓋的到來。黃蓋座船的大旗上，寫著「先鋒黃蓋」四個大字。他指揮著詐降的船隊，趁著呼呼的東南風向北岸疾進如飛。當曹操看到黃蓋的船隊遠遠駛來時，異常高興，認爲這是老天保佑他成功。但曹操的謀士程昱卻看出了破綻，他認爲滿載軍糧的船隻不會如此輕捷，恐怕其中有詐。曹操一聽有所醒悟，立即遣將驅船前往攔截，不准靠近水寨。但爲時已晚。

此時，詐降的船隊離曹軍水寨只有二里水面，黃蓋大刀一揮，二十隻火船一齊放火盡皆駛向曹軍水寨，火乘風威，風助火勢，船如箭發，衝入曹操水寨。曹軍戰船一時俱燃，因各船已被鐵鎖連在一起，所以水寨頓時成了一片火海。大火又迅速地延及北岸的曹軍大營。

危急中，曹操在張遼等十數人護衛下，狼狽換船逃奔北岸。孫劉的各路大軍趁機進攻，曹軍被火焚、溺水、中箭者不計其數，曹操本人也落荒而逃。周瑜、黃蓋的「苦肉計」，是孫劉聯軍取得赤壁大戰勝利的重要計謀之一。

第三十五計：連環計

【原文】

將多兵眾，不可以敵，使其自累，以殺其勢。在師中吉，承天寵也。

【譯文】

敵人力量強大，千萬不要硬拚，而要運用計策使他們精力分散，以此來削弱對方的戰鬥力。主帥如果能巧妙地運用計謀，克敵制勝就如同有天神相助一般。

【計名探源】

連環計，指多計並用，計計相連，環環相扣，一計累敵，一計攻敵，任何強敵，攻無不克、戰無不勝。

此計關鍵是要使敵人「自累」，就是指使敵人自己害自己，使其行動盲目，勢力削弱。這樣，就爲圍殲敵人創造了良好的條件。

龐統巧獻連環計　周瑜赤壁立奇功

赤壁之戰，周瑜以少勝多，爲東吳立下了不世之功，是中國古代四大以少勝多的著名戰役之一。

周瑜大勝曹兵與東吳文臣武將拼死效命固然有關，然而起決定因素的還是周瑜的三次用計：首先，蔣幹盜書，周瑜用反間計使曹操殺了蔡瑁、張允二人，除去了曹軍中熟悉水戰的兩位都督；

第二，周瑜、黃蓋、闞澤、甘寧用苦肉計賺得曹操的信任，爲戰勝曹軍做了第二步準備工作。

第三，是戰勝曹軍的最後一計——連環計，此計若成，就能大破曹兵。這一計也是較關鍵的一計，周瑜煞費苦心，思索如何用計。正在這時，有人稟報：蔣幹再次來訪。周瑜一聽大喜道：「我們成功破曹，就在此人身上。」

原來，曹操連得幾封密信，對於黃蓋投降一事還是疑惑不定，便決定派人去周瑜寨中探聽虛實。蔣幹上次上當，很沒面子，這次又自告奮勇，願捨身再往。曹操大喜，即令蔣幹立刻駕舟前往東吳水寨。

此前，龐統曾密告魯肅說：「要破曹兵，須用火攻。但大江之上，一船著火，餘船四散，除非獻連環計，教曹操將船連在一起，然後才能大功告成。」魯肅將此事報知周瑜後，周瑜說：「獻此計，非龐公不可。只是沒有機會。」

龐統，字士元，即司馬徽和徐庶提及的另一當世奇才「鳳雛」，本籍襄陽，現避亂在江東，魯肅曾將他推薦給周瑜，只是龐統還未來得及去見周瑜。周瑜聞知蔣幹又來，便囑咐魯肅：「速請龐士元來，只需如此如此，讓蔣子翼推薦士元到曹營去獻計。」

周瑜安排妥當後，便令人引蔣幹進帳，進帳後不容蔣幹說話，厲聲責怪蔣幹忘義背友、竊信壞事，如果不念及舊情，本當斬首，如果令其回營，又恐洩密。便令左右送他往西山背後小庵中歇息，待破曹兵之後，再送其回營，就這樣把蔣幹給軟禁起來了。

其實，周瑜想再次利用這個過於自作聰明的書呆子，名為軟禁，實際上又在誘他上鉤。蔣幹在庵內，心中憂煩，寢食難安。

這一夜星光滿天，蔣幹獨步出庵後，只聽得朗朗讀書聲，信步循聲音走去，見山岩邊上有草屋數間，內有燈光閃爍。

蔣幹往屋內窺探，只見一人掛劍燈前，誦讀孫、吳兵書。蔣幹心想：這必定是世外高人。立即叩門求見，其人開門出迎。

蔣幹見這個人儀表不俗，問其姓名，那人報了姓名，蔣幹道：「您莫非就是鳳雛先生？」

龐統說：「正是。」蔣幹大喜道：「久聞大名，今為何獨自居於此地？」龐統說：「周瑜自恃才高，不能容人，故隱居於此。不知您是何人？」蔣幹報了姓名，龐統把蔣幹請入草堂內，共坐談心。

蔣幹說：「以先生的才學，又有什麼做不成呢？如果打算投奔曹操，我願意引薦。」

龐統說：「我也早就打算離開江東，既然先生有引薦之意，應該馬上就走，如果遲了被周瑜發現，你我二人恐怕被其所害。」於是與蔣幹連夜下山，到江邊找到原來船隻，調頭奔江北而去。

龐統與蔣幹來到曹軍水寨，蔣幹先入帳稟報曹操，向曹操講述了東吳之行的經過。曹操聽說鳳雛先生來到曹營，親自出帳迎接，分賓主坐定，相互禮畢後，曹操說：「周瑜年幼，自恃才高，不能容人，今先生到此，請多多指教。」

龐統說：「素聞丞相用兵有法，希望能看一看軍隊陣容。」曹操令人備馬，先請龐統一同觀看了曹軍旱寨，龐統看了，讚不絕口；又一同觀看了曹軍水寨，見向南分二十四座門，都有艨艟戰艦，圍成一圈，中間的小船，往來有路，秩序井然。

龐統笑著說道：「丞相用兵，果然名不虛傳！」曹操大喜，將龐統重新請入帳中，設酒宴款待，共同討論兵事。

酒席宴前，龐統高談闊論，應答如流，曹操非常佩服龐統的才學，殷勤相待。龐統佯醉，借詢問軍中有無良醫，引出曹操說軍中將士因水土不服的話題來，然後趁機對曹操說：「丞相教練水軍之法甚妙，但可惜不全。」

曹操再三請問有何萬全之策，龐統說：「大江之中，潮起潮落，風浪不息。北兵不習慣乘船，受此顛簸，便生疾病。如果把大小戰船搭配起來，或三十爲一排，或五十爲一排，首尾用鐵環連鎖，再鋪上木板，別說人能行走，就是馬也可以往來奔跑。如果這樣，任憑風浪再大，也如履平地，這還怕什麼周瑜啊？」

曹操謝道：「如果不是先生良謀，如何能大破東吳？」便馬上傳令，叫軍中鐵匠，連夜打造連環大釘，鎖住戰船。

龐統獻了連環計後，又對曹操說：「我看江東有很多豪傑都對周瑜不滿，我願意替丞相去勸說眾人來投奔丞相，孤立周瑜，到那時周瑜必被丞相所擒。」曹操大喜，命龐統馬上前往，龐統就此脫身。

龐統剛到江邊，正欲下船，忽見岸上一人，道袍竹冠，一把扯住龐統道：「你好大膽！黃蓋用苦肉計，闞澤下詐降書，你又來獻連環計，是不是怕燒不乾淨，這些毒計能瞞過曹操卻瞞不過我。」

龐統大吃一驚，急回頭一看，原來是故人徐庶，這才放下心來。至此，東吳一切準備就緒，就等周瑜火攻曹操。

爾後，周瑜一把大火燒得曹操一敗塗地，曹操本人倉皇逃奔，撿了一條性命，自此無力南下。

赤壁大戰計連環　三足鼎立霸業成

赤壁之戰在《三國演義》中是很有代表性的戰役，羅貫中用洋洋灑灑八回文字，來描寫這場戰爭，寫得千變萬化，險象環生，璀璨多彩，酣暢淋漓。

其實，赤壁之戰是一個系統龐大的工程，爲何這樣說呢？赤壁之戰計計相連、環環相扣，實際是諸葛亮、周瑜等人如何使用伐交、用奸、詐降、設伏、襲擊、縱火、追殲等有效的謀略和戰術，誘使曹操中計，爭得吳蜀聯盟在戰爭中的主動權，構成了一項完整的謀略系統工程。

赤壁之戰是孫、劉聯盟對抗曹操的第一次重大戰略。曹操打敗袁紹、統一北方以後，雄心勃勃，親率大軍下江南，降劉琮，奪荊州，不可一世。面對著浩浩蕩蕩沿江而下的曹操八十三萬人馬，孫權只有五萬多軍隊，劉備只有兩萬人馬，力量對比是很懸殊的，形勢逼迫孫劉兩方只有聯合起來，共同抵禦曹操，才能求得自己的生存。

諸葛亮、周瑜等人一步一步地，一計一計地，籌劃整個戰爭的步驟、結局。其中，既有全局的宏觀鳥瞰，又有局部微觀的縝密思考，赤壁之戰就在吳蜀聯盟的精心設計下拉開了帷幕。爲了確保赤壁之戰的勝利，諸葛亮、周瑜等人精心謀劃計計相連，請看諸葛亮、周瑜等人如何用計。

第一計，連橫計。連橫計本不屬於三十六計之列，春秋戰國時，蘇秦、張儀用合縱連橫之法，將眾諸侯玩弄於股掌之中，這就是最初的合縱連橫。

不過蘇秦、張儀是無恥之徒，在他們心目中沒有道義，只有金錢、地位、榮耀。而諸葛亮則不然，他促成孫劉聯盟，要共同抵抗曹操。

本來曹操南下東吳，孫吳內部就有主戰派和主和派，兩派爭鬥十分激烈。以張昭爲首的主和派，懾於曹操強大的實力，爲了保住現有的官職、地盤，力主投降。以周瑜、魯肅、程普、黃蓋爲代表的主戰派，則力主抗戰。而吳主孫權，雖然內心主戰，但又缺乏信心，因而沈吟不決。

在這種情況下，魯肅從江夏請來了諸葛亮。諸葛亮一到江東就舌戰群儒，以他的遠見卓識，以他的智慧和膽略，語驚四座，塞住了投降派之口。

然後他進見孫權、周瑜，開頭是以言語相激，接著是舉出事實，陳述曹操外強中虛諸種不利因素，孫劉只要聯合起來，就足以戰而勝之的道理，使孫權堅定了聯劉抗曹的決心和信心。

這樣，就在實際上形成了以周瑜、諸葛亮爲主的堅強的抗曹領導核心。

第二計，反間計。抗曹聯盟形成了，下一步該如何行動呢?他們分析，曹操人馬雖眾，但「北軍不習水戰」，這是最大的弱點。

不過曹操也是很聰明的。他看到了這一點，就起用荊州降將、熟悉水戰的蔡瑁、張允爲水軍都督，加緊水上訓練。

於是周瑜設群英會，賺蔣幹，誘騙曹操殺了蔡瑁、張允，折斷曹軍的羽翼，除去了盟軍的大患。

第三計，火攻破敵。在冷兵器時代，火攻在戰爭中發揮著很大的作用。《孫子兵法》中專有一篇講的是火攻。周瑜、諸葛亮針對敵強我弱的情況，密室策劃，決定用火攻破曹。

第四計，瞞天過海。水戰最有力的武器是弓箭，諸葛亮神機妙算、草船借箭，平白從曹操手裡得到十萬多支羽箭，爲爾後的水戰、火攻所用，發揮了極大的威力。既挫傷了曹操的銳氣，又爲戰勝曹操奠定了基礎。

第五計，苦肉計。東吳上下齊心破曹，三世老臣黃蓋甘願受刑，與周瑜演了一出雙簧戲，用苦肉計瞞過了曹操。

第六計，密謀詐降。周瑜巧用曹操派來的奸細蔡中、蔡和通報消息，搞了一個反間計的反間計。闞澤向曹操下降書，闞澤機敏的應付，使曹操進一步上當。

第七計，連環計。龐統向曹操獻連環計，使曹軍的大小船隻都連鎖起來，這樣可以燒一隻，燃一片，爲火攻創造條件。

一切似乎都準備停當了，單等冬至前後天氣轉變，長江之上東南風起。

就這樣，一計接一計，一環扣一環，籌劃得天衣無縫、無懈可擊，使曹操完全落入圈套，最後三江口一把大火，被周瑜燒個精光。

曹操大敗而逃，棄水路走旱路，遭到周瑜六路大軍的截襲。最後，諸葛亮又在烏林、葫蘆口、華容道三處設伏，打得曹操全軍覆沒。

此處連環計與龐統所獻連環計有一定的區別，龐統所獻的連環計只是其中的一部分。所以說赤壁之戰是一項系統、龐大的工程，因爲計計相連，環環相扣，故而稱之爲連環計。

第三十六計：走爲上

【原文】

全師避敵。左次無咎，未失常也。

【譯文】

全軍退卻，避開強敵。以退爲進，尋找戰機，伺機破敵，這並沒有違背正常的用兵原則。

【計名探源】

走爲上計，指在敵我力量懸殊的不利形勢下，採取有計畫地主動撤退，避開強敵，尋找戰機，當退則退。這在謀略中也不失爲一種上策。

「三十六計，走爲上計。」計語出自《南齊書．王敬則傳》：「檀公三十六計，走爲上計。」檀公指南朝名將檀道濟，相傳有《檀公三十六計》，但未見本。

三十六計，走爲上計，是指在我不如敵的情況下，爲保存實力，主動撤退。所謂上計，不是說「走」在三十六計中是上計，而是說，在敵強我弱的情況下，我方有幾種選擇：

第一、求和；

第二、投降；

第三、死拼；

第四、撤退。

四種選擇中，前三種是完全沒有出路的，是徹底的失敗。只有第四種——撤退，可以保存實力，等待戰機捲土重來，這是最好的抉擇。因此說，「走」爲上。

蔡瑁設計鴻門宴　劉備躍馬走檀溪

《三國演義》中走爲上計的例子並不多，要說精彩的莫過於劉備馬躍檀溪了。劉備馬躍檀溪與當年劉邦鴻門宴逃命如出一轍，項羽、劉邦一同起兵反秦，項羽勢大，劉邦勢弱。項羽手下謀士范增爲項羽謀劃，擺下鴻門宴，要趁機除掉劉邦，項羽猶豫再三拿不定主意，使得劉邦借上廁所之機逃脫，這就是楚漢相爭的鴻門宴。

劉備被曹操追殺，只好投奔他的同宗、荊州刺史劉表。劉表，字景升，也是皇族遠支。劉表倒也厚待劉備，讓劉備引本部人馬，到襄陽郡屬邑新野縣屯駐。

一日，劉表忽然遣使至新野，請劉備赴荊州相會，劉備隨使而往，劉表請劉備入後堂飲宴。酒酣，劉表忽然淚下。劉備忙問其故，劉表說：「我有心事，一直想告訴賢弟，只是沒有合適的時間。」

劉備說：「兄長有什麼難以決斷的事，不妨跟兄弟直言，倘有用弟之處，弟當萬死不辭。」

劉表說：「只是爲立儲一事犯難，前妻陳氏所生長子琦，爲人雖賢，卻柔弱不足以立大事；

後妻蔡氏所生少子琮，頗聰明。我欲廢長立幼，恐礙於禮法；欲立長子，怎奈蔡氏宗族中皆掌軍務，後必生亂，因此猶豫不定。」

劉備說：「自古廢長立幼，取亂之道。若顧慮蔡氏權重，須削弱之，不可以溺愛而立少子。」劉表默然，劉備自知語失。

少頃，劉表又談到曹操煮酒論英雄，特別推重劉備事，劉備乘著酒興，又失口說：「備若有基本，天下碌碌之輩，誠不足慮！」劉表聞言又默然不語。劉備自知語失，託醉而起，歸館舍安歇。劉備哪裡知道，他和劉表的談話，全被躲在屏風後面的蔡夫人偷聽了去。

蔡夫人深恨劉備，當日便和其弟蔡瑁兩次密謀殺害劉備，均未得逞。劉備星夜回到新野的第二天，使者又到，蔡瑁以劉表的名義，請劉備到襄陽主持眾官的宴會。趙雲怕有意外，引三百馬步軍同往。

蔡瑁出城迎接，意甚謙謹。隨後劉琦、劉琮引文官武將出迎。劉備見二公子俱在，便未生疑忌，於館舍暫歇。趙雲引三百軍圍繞保護，趙雲自己按甲掛劍，行坐不離左右。

次日，大張筵席。劉備到州衙，命將所騎的那匹人言妨主的「的盧」馬牽入後園拴繫。眾官皆至堂中，劉備主席，趙雲帶劍立於劉備之側。

劉表部屬文聘等按蔡瑁「先引開趙雲，然後行事」的安排，請趙雲也去赴席，趙雲推辭不去。劉備令他就席，只得勉強應命而出。

此時蔡瑁在外早已收拾得鐵桶相似，劉備帶來的三百軍士，也早已遣歸館舍。開宴後，酒至三巡，得知蔡瑁之謀的劉表另一部屬伊籍，借把盞之機，以目視劉備，低聲說：「請更衣。」劉備會意，立即起身入廁。

伊籍把盞畢，疾入後園，找到劉備，附耳告訴說：「蔡瑁設計害君，城外東、南、北三處皆有守軍，唯西門可走，公宜速逃！」

劉備大驚，急解的盧馬，開後園門牽出，飛身上馬，不顧從者，逕往西門而走。門吏攔問，劉備不答，加鞭而出。門吏飛報蔡瑁，蔡瑁上馬，引五百軍隨後追趕。

卻說劉備撞出西門，跑了沒有幾里路，前有檀溪攔住。那檀溪闊有數丈，水通襄江，其波甚急。

劉備到溪邊，見不可渡，勒馬再回，追兵已近，只得縱馬下溪。行不數步，偏又馬陷前蹄，衣袍盡濕。

劉備加鞭大呼道：「的盧！的盧！你眞要送我一死嗎！」話音未落，那馬忽從水中躍身而起，一躍三丈，飛上西岸，劉備如從雲霧中起。

劉備本是寄人籬下，遭小人陷害，卻又無法分辨，只能一走了之、逃避禍端。

在演義中，作者極盡渲染之能事，尤其是寫馬躍檀溪之處，寫得神乎其神。其實這是小說的一種創作手法，或許是作者褒劉貶曹的心理。根據當時情況分析，劉備有四條路可以走：一、求和；二、投降；三、死拼；四、撤退。

但當時第一、二條路子行不通。原因有之：

蔡瑁並不是要降服劉備，而是要殺掉劉備，所以求和、投降都是死路一條；第三條路也很難行通，如果死拼，估計不會有什麼好結果，趙雲縱然神勇，但這是「鴻門宴」，絕非長阪坡，長阪坡前曹操有令：只要活子龍，不要死趙雲。不然的話，百萬曹兵的冷槍暗箭，恐怕趙雲也很難殺個七進七出。

今日蔡瑁誓殺劉備，如果劉備與趙雲拼死抵抗，說不定蔡瑁就會萬箭齊發，劉備與趙雲能不能全身而退就難說了；為今之計只有一條路可以走，就是撤退，說得不好聽一點兒就是逃跑，而且要找機會，好在有伊籍幫忙，為劉備指明了逃跑路線，才使得劉備走脫。

欲建功反遭歧視　棄小人一走了之

漢朝末年，黃巾起義，朝廷無力抵抗，只好發佈官文，鼓勵地方官組織力量抵抗黃巾軍。劉備、關羽、張飛在桃園結義後，聚集了幾百人，準備效命朝廷，建立軍功。

不久，黃巾軍程遠志統兵來犯涿郡。雙方在大興山下大戰，黃巾軍主將程遠志被關羽斬殺，黃巾軍見主將已亡，全倒戈而逃。

第二天，青州太守龔景發來求救公文，說黃巾軍圍城勢大，請劉備幫忙破賊，劉備帶著關羽、張飛一起去解青州之圍。

劉備命關、張各帶一千人馬埋伏在山的兩側，劉備迎敵假意敗退，剛過山嶺，左右兩軍齊出，劉備回身再戰。三路夾攻，黃巾軍大敗。太守龔景也率民兵出城助戰，於是解了青州之圍。

劉備帶兵北上，準備返回涿郡，沒走兩天，只見漢軍大敗，黃巾軍鋪天蓋地而來，旗上大書「天公將軍」。原來董卓與黃巾軍交戰，董卓大敗。劉備說：「這是張角，快戰。」三人飛馬而出。張角大敗董卓，忽遇三人衝殺，沒有防備，頓時大亂，敗走五十餘里。

三人救了董卓，董卓問三人現居何職，劉備說：「並無官職。」董卓見是白身，十分輕視三人，而且禮數不周，劉備出來，張飛大怒道：「我們冒死救了老賊性命，他卻如此無禮！如不殺他，難消心中怒氣！」劉備跟關羽連忙勸阻：「他是朝廷命官，哪能輕殺。」張飛又說：「如不殺他，反要聽命於他，實是心有不甘！兩位兄長要留在此處，我自投別處！」劉備說：「我三人義同生死，豈能相離？那就一起投別處罷。」於是三人連夜投奔潁州太守朱儁。

朱儁與張寶經兩次大戰，張寶大敗，落荒而逃。張寶逃入陽城，堅守不出，朱儁帶兵圍住攻打。黃巾將嚴政刺殺張寶，獻首級投降。朱儁跟著平定了數郡，上表獻捷。

黃巾餘黨數萬人屯聚宛城。朝廷派朱儁率得勝之師討伐。劉備打北門，孫堅打南門，朱儁打西門。孫堅首先登城，斬黃巾二十餘人，眾黃巾潰散。黃巾將孫仲衝出北門，被劉備一箭射中，朱儁大軍隨後追殺，斬首數萬人，降者不計其數，南陽十數郡皆平。

朱雋有功，被朝廷詔封爲車騎將軍、河南尹。朱雋表奏孫堅、劉備破賊有功，孫堅任命別郡司馬。劉備聽候日久，後來僅授定州中山府安喜縣尉。

劉備到任不到四個月，朝廷有旨：凡有軍功爲長吏的要淘汰。劉備懷疑自己也可能被淘汰。正趕上督郵來到縣裡，便到館驛答話，督郵問道：「劉縣尉是什麼出身？」劉備說：「我是中山靖王之後。在涿郡起兵，經過大小三十餘戰，有些軍功。」督郵大喝道：「詐稱皇親，謊報功績。今朝廷降旨，正要淘汰你等奸官汙吏。」劉備喏喏而退。回到縣中，具實相告，縣吏說：「督郵無非是想要些錢財罷了。」劉備說：「我上任以來秋毫無犯，哪有錢財給他。」次日，督郵將縣吏提走，勒令他指稱縣尉害民。

張飛無事，喝了幾杯悶酒，騎馬從館驛前經過，見好多人在館驛門前痛哭。張飛詢問原因，眾人說：「督郵逼著縣吏誣陷劉公。我等苦苦相求，也沒放人，還把我等趕了出來。」張飛大怒，環眼睜圓，滾鞍下馬，衝進館驛，守門人哪裡擋得住。直奔後堂，只見督郵正在廳上坐著，縣吏被綁倒在地。張飛大喝道：「害民賊！認得我麼？」督郵還沒來得及開口，就被張飛揪住頭髮扯出館驛，一直扯到縣衙門前的拴馬樁上捆住，折下柳條朝著督郵猛打，一連打折了十幾根柳條。

劉備聽見縣衙前喧鬧，問左右，才知張飛在打人，忙帶著關羽去看明情況，見張飛打的是督郵，大吃一驚，喝令張飛住手。張飛說：「這等害民賊，留他做甚！」督郵一見劉備來了忙哀求道：「玄德公救我性命！」

劉備終是仁慈之人，忙喝住張飛。關羽說：「兄長立了軍功，僅得到縣尉之職，反受這等小人的侮辱。荊棘叢中，終非鸞鳳棲身之所，不如殺督郵，遠走他鄉，再圖大計。」劉備取出印綬，掛在督郵的脖子上，指責他道：「你害民非淺，本當殺戮。今且饒你性命。我繳還印綬，從此走了。」

生逢亂世，劉備本想做一清正爲民之官，怎奈，天下皆濁我獨難清。如果殺掉督郵，恐怕和造反的黃巾軍沒什麼區別，定會獲罪於朝廷，如不殺督郵，此處又再難以容身。所以爲今之計，只有一走了之，也就是「三十六計，走爲上計」。

國家圖書館出版品預行編目資料

奇謀詭道：三國演義的謀略智慧 / 王志剛著. -- 1版. -- 新北市：華夏出版, 2023.01

面；　公分. --（Sunny 文庫；04）

ISBN 978-986-5670-49-8（平裝）

1.三國演義 2.研究考訂 3.兵法 4.謀略

592.09　　105004969

Sunny 文庫 004

奇謀詭道：三國演義的謀略智慧

著　作　王志剛

印　刷　百通科技股份有限公司

電話：02-86926066 傳真：02-86926016

出　版　華夏出版有限公司

220 新北市板橋區縣民大道 3 段 93 巷 30 弄 25 號 1 樓

電話：02-32343788　傳真：02-22234544

E-mail：　pftwsdom@ms7.hinet.net

總 經 銷　貿騰發賣股份有限公司

新北市 235 中和區立德街 136 號 6 樓

電話：02-82275988　傳真：02-82275989

網址：www.namode.com

版　次　2023 年 1 月 1 版

特　價　新台幣 450 元（缺頁或破損的書，請寄回更換）

ISBN： 978-986-5670-49-8